# Das Protoplasma der Rhizopoden und der Pflanzenzellen

## ein Beitrag zur Theorie der Zelle

Max Schultze



Alpha Editions

This edition published in 2022

ISBN : 9789356781122

Design and Setting By
**Alpha Editions**
www.alphaedis.com
Email - info@alphaedis.com

# Contents

# I.
# Einleitung.

In einem Aufsatze »über Muskelkörperchen und das, was man eine Zelle zu nennen habe«, welcher in dem Archiv für Anatomie, Physiologie etc. herausg. von *Reichert* und *du Bois Reymond* Jahrg. 1861 p. 1–27 abgedruckt ist, habe ich nachzuweisen gesucht, dass in die herrschenden Ansichten über die Bestandtheile der Zellen und deren Theilnahme an der Gewebebildung bezüglich des thierischen Organismus sich manche Glaubenssätze eingemischt haben, welche vor einer strengen Kritik nicht Stand halten und deren wir uns entledigen müssen, wenn anders wir die Bahn des Fortschrittes auf dem Gebiete der Gewebelehre mit Erfolg fernerhin betreten wollen.

Ich versuchte zunächst an dem Beispiele der Muskelkörperchen zu zeigen, dass eine befriedigende Beantwortung gewisser in der Histiologie seit längerer Zeit aufgeworfener und discutirter Fragen nur deshalb nicht möglich gewesen, weil die Dogmen der *Schleiden-Schwann*'schen Zellentheorie die Gemüther allzusehr befangen hielten. Ich zeigte, wie der lange Zeit geführte heftige Streit über die Bedeutung der Muskel- und Bindegewebskörperchen sein Ende finden werde, wenn man es versuchen wollte von den herrschenden Lehren über die nothwendigen Bestandtheile einer Zelle etwas aufzugeben, und dass diese Abänderung vorzugsweise unsere Ansichten über die Zellmembran, über das Verhältniss derselben zum Zelleninhalte und zu den sogenannten Intercellularsubstanzen betreffen müsse. Zugleich deutete ich an, dass dem sogenannten Zelleninhalte, oder besser demjenigen Theile der Zelle, welcher der von *H. v. Mohl* Protoplasma genannten Substanz entspricht, eine höhere Bedeutung nicht nur für das Zellenleben sondern auch für die Gewebebildung thierischer Organismen zuzuschreiben sei, als man bis dahin anzunehmen pflegte, und gab die Wege an, auf welchen man diese Thätigkeit des Protoplasma besonders augenfällig beobachten könne.

Man hat das Beispiel der Muskelkörperchen ein wenig passendes genannt, weil gerade über die Structur und Entwickelung der Muskelsubstanz Controversen herrschen, und hat aus der Form dessen, was ich (l. c. p. 2) über die Entwickelung der Muskelfaser gesagt habe, schliessen wollen, ich stütze mich mehr auf fremde als auf eigene Beobachtungen[1]. Ersterer Einwand erledigt sich dadurch, dass ich beweisen konnte, wie gerade diese Controversen durch die von mir vorgeschlagenen Neuerungen sich bedeutend vereinfachen, und letzterem fehlt jede Berechtigung. Meine Angaben über die Entwickelung der Muskelfasern sind kurz und daher mehr schematisch gehalten, aber dass sie sich auf eigene Beobachtungen stützen liegt in dem Eingange zur Mittheilung derselben ausgedrückt, in welchem ich sage: »Für die Muskeln wollen wir die zuerst von *Remak* mit Nachdruck vertheidigte bei Froschlarven leicht zu bestätigende Ansicht etc. zu Grunde legen.« Uebrigens bemerke ich hier, dass die Mittheilungen von *F. E. Schulze*[2] über die Genese der Muskelfasern bei Frosch- und Salamanderlarven, welche sich auf unter meinen Augen ausgeführte Beobachtungsreihen gründen, den Hergang bei der Entstehung der contractilen Substanz aus dem Protoplasma der embryonalen Muskelzelle, wie ich ihn kurz beschrieben habe, ausführlich schildern, und diese würden also zu widerlegen sein, wenn Jemand eine von der meinigen abweichende Ansicht über die Entwickelung der Muskelfasern vorzubringen hätte.

Niemand, dem die Ausbildung der allgemeinen Gewebelehre am Herzen liegt, wird läugnen wollen, dass das erste Erforderniss zu Fortschritten auf diesem Gebiete eine genauere Kenntniss der einzelnen Bestandtheile der Zellen und ihrer Theilnahme an der Entwickelung der Gewebe sei. Das Bedürfniss nach solchen Fortschritten wird zwar auch da empfunden, wo man die Zellentheorie noch nicht verstanden hat, und solcher Art ist das Werkchen von *Beale*[3], welches die Aufmerksamkeit, die es in vieler Beziehung verdient, deswegen nicht finden wird, weil es ausserhalb der Zellentheorie steht. *Beale's* »germinal matter« ist zwar wesentlich das, was wir Protoplasma nennen, freilich den Kern mit inbegriffen, und die »formed matter«, das Geformte und Formgebende an den Geweben, ist in eine im Wesentlichen gewiss richtige Abhängigkeit von dem Protoplasma gebracht. Aber von Zellen als Elementartheilen oder Elementarorganismen, von Kernen, welche vom Protoplasma verschieden und ihm doch so nothwendig sind, ist nicht die Rede. Die grosse und unveräusserliche Entdeckung der Zelle ist dem Verfasser nur von historischem Interesse.

Dass es von den einzelnen Bestandtheilen der Zellen aus vielen Gründen vornehmlich das Protoplasma sei, als die veränderlichste, beweglichste, an allen Lebenserscheinungen der Zelle einen unzweifelhaft sehr lebhaften Antheil nehmende Substanz, auf welche wir unsere Aufmerksamkeit zu richten haben, wird ernstlich nicht bestritten werden können. Die Botaniker sind nach *H. v. Mohl's* denkwürdigen Arbeiten längst zu der Ueberzeugung gekommen, dass von dem Protoplasma nicht nur die Bildung der Zellmembran, sondern auch die inneren Veränderungen, der Stoffwechsel der Zelle in erster Linie abhängen. Die merkwürdigen Bewegungserscheinungen, welche das Protoplasma vieler Pflanzenzellen darbietet, geben sodann einen sichtbaren Ausdruck von dem hohen Grade der Lebensthätigkeit, welche in dieser Substanz herrscht. Wenn ich das Protoplasma bei Beurtheilung des Zellenlebens so hoch stelle, dass mir die Bedeutung der Membran daneben verschwindend klein vorkommt, so kann darin selbstverständlich nicht die Meinung gefunden werden, die Membran habe überhaupt keine Bedeutung. Sie liegt nur auf einer anderen Seite als die des Protoplasma. Die Membran ist vor allen Dingen für die Gewebebildung absolut nothwendig, sobald es sich um die Erreichung einer höheren Differenzirung und einer grösseren Festigkeit des Gewebes handelt, die das Protoplasma für sich allein nie geben kann. So können unter den Pflanzen die Schleimpilze und auch diese nur während einer gewissen Lebensperiode der vom Protoplasma differenten Zellmembran entbehren. Jede grössere Festigkeit und höhere Differenzirung des pflanzlichen Organismus bedingt dagegen an wenigstens den bei weitem meisten Zellen die Membranbildung. Das Protoplasma hat im Grossen und Ganzen im lebendigen Zustande überall, wie es scheint eine sehr geringe, zur Bildung festerer Gewebe nicht ausreichende Dichtigkeit. Durch Ablagerung fremdartiger Stoffe in sich, wie Amylon, Kleber etc. kann es allerdings im Ganzen eine grössere Festigkeit annehmen. Auch kann nicht geläugnet werden, dass die relative Menge des Protoplasma auf die Consistenz der Pflanzentheile im Allgemeinen einen Einfluss ausübe. Aber alle auffallenderen Unterschiede in der Dichtigkeit und Festigkeit gegebener Pflanzentheile gründen sich vornehmlich auf Verschiedenheiten der Zellmembranen. Dass lebende und todte Pflanzentheile eine verschiedene Consistenz besitzen, kann keinen Gegengrund gegen Obiges abgeben, denn die Durchfeuchtung der Zellmembran, welche im lebenden und im todten Pflanzentheile verschieden ausfällt, kann Unterschiede bedingen.

So ist es meiner Ueberzeugung nach auch in thierischen Geweben. Die Membran wird nöthig, sobald es sich um Gewebebildung handelt, aber die Zelle als solche kann auch ohne eine vom Protoplasma verschiedene Membran bestehen. Wie die Schleimpilze unter den Pflanzen, so sind manche Protozoen unter den Thieren von so einfacher Organisation, von so geringer Festigkeit, dass das Protoplasma allein zu ihrer Bildung genügt. Gehen wir aber über diese einfachsten thierischen Organismen hinaus, so ist die Zellmembran ebenso nothwendig wie bei den Pflanzen, sobald es sich um höhere Differenzirung und festere Gewebe handelt. Da aber im thierischen Körper manche Gewebe eine viel grössere Consistenz, als das Protoplasma an sich zu geben vermag, auch im erwachsenen Zustande nicht besitzen, so wird der Fall, dass membranlose Zellen vorkommen bei Thieren viel häufiger als bei Pflanzen eintreten können.

Ich will damit nur angedeutet haben, dass mir die in die Augen fallendste Bedeutung der Zellmembran die die Festigkeit des Gewebes bedingende, die eines Skeletes zu sein scheint, gegenüber der Bedeutung des Protoplasma als eigentlich lebendiger Substanz der Zelle. Selbstverständlich kann und wird die Zellmembran nebenbei noch viele andere wichtige Functionen haben. Die Zellmembran als Form und Festigkeit gebende Kapsel um das weiche Protoplasma ist aber in dieser ihrer Bedeutung von der des Protoplasma so verschieden, dass sie letzterem sogar hinderlich werden kann. Wozu hätten sonst die dicken Zellmembranen der Pflanzen Porencanäle, die von benachbarten Zellen stets genau aufeinander stossen, und bis auf die sogenannte primäre Zellmembran vordringen? In diesem Sinne konnte ich in meinem oben citirten Aufsatze sagen (l. c. p. 21): »dass man sogar die Behauptung vertheidigen könnte, die Bildung einer chemisch differenten Membran auf der Oberfläche des Protoplasma sei ein Zeichen beginnenden Rückschrittes, die Zellmembran gehöre so wenig zum Begriff einer Zelle, dass sie sogar als Zeichen herannahender Decrepidität oder doch wenigstens eines Stadiums zu betrachten sei, auf welchem die Zelle in den ihr ursprünglich zukommenden Lebensthätigkeiten bereits eine bedeutende Einschränkung erlitten habe«. Die Form dieses Satzes, welchen ich unverkennbar als einen hinstelle, dessen Inhalt nicht absolut nothwendig aus dem Voranstehenden folgt, sondern nur etwa wie aus Laune vertheidigt werden könnte, hätte meine Gegner abhalten sollen, ihn gerade als die Spitze meiner Reformbestrebungen hinzustellen und gegen ihn die ganze Kraft der herrschenden Ansichten aufzubieten.

Doch ich habe mich noch über andere Dinge zu beklagen. Meine Behauptung, dass eine Membran zum Begriff der Zelle nicht nothwendig gehöre, bezieht sich auf eine, wie ich immer wiederholt habe, vom Protoplasma chemisch differente, oder wie ich mich auch kürzer ausdrücke, vom Protoplasma differente Membran, d. h. also auf eine vom Protoplasma verschiedene, folglich von ihm abhebbare Haut, welche übrig bleiben muss, wenn das Protoplasma entfernt wird, welche faltbar oder starr wenn auch noch so dünn immer etwas Selbstständiges neben dem Protoplasma darstellt. Eine solche läugne ich an der Oberfläche der Furchungszellen, läugne ich auf der Oberfläche der Hydra-Zellen, der Amoeben und Myxomyceten etc. *Schleiden* und *Schwann* hielten eine solche zum Begriffe der Zelle für nöthig, ich behaupte, und bin nicht der erste, der es behauptet, dass die Annahme einer solchen Membran in vielen Fällen ganz willkürlich geschehen, dass ihre Anwesenheit an vielen Zellen sich nicht nachweisen lasse, und dass sie uns also fernerhin nicht als nothwendiges Attribut der Zelle erscheinen könne, eine Ansicht, welcher *Brücke*[4] später vollkommen beigetreten ist und die von ihm in manchen Stücken noch erweitert wurde. *Reichert* tritt mit grosser Entschiedenheit dieser Annahme gegenüber[5]. Aber schon bei dem ersten Beispiele, den Furchungszellen, denen ich eine vom Protoplasma chemisch differente Membran abspreche, schiebt er mir den Ausdruck Grenzschicht oder Lamelle statt Membran unter, den ich nie gebraucht habe, und sagt dann bezüglich meiner Worte vom Protoplasma, chemisch different, »den Sinn dieses Ausdruckes habe ich nicht verstanden« (l. c. p. 97). Man begreift worauf das hinaus will. Der berühmte Zellentheoretiker weiss nicht, oder will nicht wissen, was eine vom Protoplasma chemisch differente Membran sei, um nicht den nach seinem ganzen Auftreten gegen mich erwarteten Beweis der Anwesenheit einer solchen Membran bei den fraglichen Zellen führen zu müssen. Ja selbst das Wort Membran schwindet unter der Hand und wird in Grenzschicht verwandelt, um mit dem Anschein als wenn ich die einfachsten Dinge übersehen hätte, die Existenz von etwas zu beweisen, was ich nie geläugnet habe. Und wenn *Reichert* (l. c. p. 100) in Verfolg seiner irrthümlichen Annahme, dass ich hyaline Grenzschichten auf der Oberfläche des körnigen Protoplasma läugne, sagt: »Als einen Irrthum muss ich es ferner bezeichnen, wenn *M. Schultze* die Amoeben und Myxomyceten als Organismen bezeichnet, welche nur aus einem körnerhaltigen, schleimhaltigen, organischen Stoff bestehen. Dem Verfasser ist es wohl bekannt, dass *Lieberkühn* an den Amoeben eine festere hyaline Grenzschicht neben dem körnerhaltigen, mehr flüssigen Inhalte des Leibes dargestellt hat, und ich muss hinzufügen, dass ich selbst bei Herrn *Cienkowsky* eine von dem eingeschrumpften (?) körnerreichen Inhalte deutlich abstehende Grenzschicht auch bei den Myxomyceten gesehen habe«, so habe ich dem einfach gegenüberzustellen, was ich über diese Organismen in dem von *Reichert* seiner Polemik zu Grunde gelegten Aufsatze sage (Ueber Muskelkörperchen etc. p. 15, der einzigen Stelle wo ich über Myxomyceten spreche): »Auch die beiden Bestandtheile, hyaline Grundsubstanz und eingebettete Körnchen, unterscheidet man leicht, da wie bei vielen Zellen die hyaline Grundsubstanz eine oft ansehnlich breite **Rindenschicht** bildet.« Und von den Amoeben pag. 18: »Manche Species zeichnen sich durch ein weicheres, zerfliesslicheres Protoplasma vor anderen aus. Wie es lebhafte Amoeben (A. diffluens) und träge, äusserst langsam kriechende giebt, bei ersteren die Rindensubstanz feinkörnig und sehr vergänglich, bei letzteren ganz hyalin und gegen Säuren und Alcalien verhältnissmässig resistent ist, so giebt es auch bei den grösseren Rhizopoden Verschiedenheiten der Art im beweglichen Protoplasma.«

Meine Beobachtungen über die Verschiedenheiten im Aussehen und der Dichtigkeit des Protoplasma an verschiedenen Zellen und an einer und derselben Zelle, sowie über den Gegensatz von Protoplasma und Zellflüssigkeit, haben mich bezüglich der thierischen Gewebe zu einer Ansicht geführt, welche im Wesentlichen ganz mit derjenigen übereinstimmt, welche im Anschluss an *v. Mohl's* bahnbrechende Arbeiten *Pringsheim* bereits vor Jahren[6] über das Protoplasma der Pflanzenzellen ausgesprochen hat. Im Gegensatze zu der damals herrschenden Primordialschlauchtheorie machte jener ausgezeichnete Beobachter geltend, dass Alles, was nach innen von der Zellstoffhaut einer lebendigen Pflanzenzelle liegt, zwar eine sehr complicirte Anordnung und auch eine Schichtung zeigen könne, dennoch aber wesentlich aus nichts anderem bestände, als aus Protoplasma und Zellflüssigkeit. In den meisten nicht gar zu kleinen Pflanzenzellen ist das Protoplasma von einer Zellflüssigkeit (Intracellularflüssigkeit *Brücke*) so geschieden, dass ersteres in einer hautartig zusammenhängenden, oder netzförmig durchbrochenen Schicht der Innenseite der Cellulosewand anliegt, dabei Chlorophyll- und andere Körner auch den Zellkern in sich einschliesst, während die geformte Bestandtheile nicht enthaltende Zellflüssigkeit den inneren Raum der Zelle einnimmt. In einzelnen Fällen durchsetzen diesen inneren Raum freie Protoplasmabalken, welche, wenn zahlreich, ein complicirtes Netzwerk bilden und alle geformten Substanzen, welche überhaupt im Protoplasma vorkommen, folglich auch den Zellkern, enthalten können. Statt der freien Balken können auch leisten- oder riffartige Vorsprünge des Protoplasma in die Zellflüssigkeit vorhanden sein. In der Wandschicht des Protoplasma tritt öfter eine deutliche Schichtung hervor, indem sich eine äussere hyaline, körnchenfreie Rinde von einer zweiten, körnchenhaltigen, an die Zellflüssigkeit grenzenden Lage scheidet. *Pringsheim* bezeichnet beide als Hautschicht und Körnerschicht des Protoplasma. Auch in letzterer, wenn sie dick ist, können wieder Verschiedenheiten nach Ansehn und Inhalt beobachtet werden (l. c. p. 8), indem die Chlorophyllkörner in solchem Falle allein der Hautschicht anliegen, die der Zellflüssigkeit angrenzende Partie des Protoplasma dagegen nur farblose körnige Bildungen einschliesst. Die Hautschicht des Protoplasma befindet sich nach *Pringsheim* in vielen Fällen im Zustande langsamer Verdichtung, und wird endlich in allmählichem Uebergange zu einer vom Protoplasma chemisch differenten Haut. Diese Hautschicht, bevor sie Cellulosehaut wird, oder in anderen Fällen die ganze Wandschicht des Protoplasma, ist es, welche von *H. v. Mohl* Primordialschlauch genannt und von ihm und vielen Anderen als eine besondere Membran der Zelle angesehen wurde. Sie ist, wie *Pringsheim* nachweist, entweder Protoplasma, dann kann sie natürlich nicht Membran der Zelle sein, oder sie ist Cellulosehaut, dann gehört sie den Verdickungsschichten der bereits vorhandenen Zellmembran an und kann wiederum von dieser nicht als etwas besonderes getrennt werden. So kommt *Pringsheim* zu der Annahme, dass der von *H. v. Mohl* unterschiedene Primordialschlauch nicht als eine zweite, von der Zellstoffhaut verschiedene Hülle der Pflanzenzelle existire, und ich habe bereits in meinem Aufsatze über Muskelkörperchen etc. p. 11 darauf hingewiesen, dass nach dem gegenwärtigen Zustande der Lehre von der Pflanzenzelle die Frage, ob der Primordialschlauch als eine von Protoplasma differente Membran aufrecht erhalten werden könne, als zu Gunsten *Pringsheim's* entschieden angesehen werden darf.

Wenn es nun bei thierischen Zellen, einmal ihrer verhältnissmässig geringen Grösse wegen, und sodann weil sie im Durchschnitt reicher an Protoplasma sind, seltener als bei Pflanzenzellen zu der scharfen Scheidung einer Wandschicht von Protoplasma und einer Zellflüssigkeit kommt, so existirt doch, wie an jungen Pflanzenzellen, bei denen diese Scheidung ebenfalls noch nicht eingetreten, ein Unterschied in der Beschaffenheit des

Protoplasma der Art sehr gewöhnlich, dass eine Hautschicht des Protoplasma, d. i. die bei den Amoeben erwähnte hyaline, körnchenlose oder körnchenarme Rinde die übrige körnchenreichere Protoplasmasubstanz überzieht. Ich habe auf diese hyaline Rinde z. B. bei den embryonalen Muskelzellen hingewiesen und die Beobachtungen *Remak's* über das vermeintliche Abheben einer Membran unter Wasserzusatz auf diese Rindenschicht zurückgeführt (l. c. p. 10). Sie ist bei den farblosen Blutkörperchen, wo sie vorzugsweise Sitz der amoebenartigen Bewegungen ist, bei den Speichelkörperchen, bei Knorpelzellen und während der embryonalen Entwickelung an fast allen Zellen zu beobachten. Sie ist unendlich oft für eine Membran angesehen worden und doch lässt sich kein einziger Beweis beibringen, dass sie etwas anderes als Protoplasma sei. Man hat sie mit dem Primordialschlauch verglichen, und das ist das beste was man über sie ausgesagt hat. Aber wie der Primordialschlauch als eine besondere Membran der Zelle gefallen ist, wird man sie dadurch nicht als Zellmembran stempeln. Für mich ist hiernach kein Zweifel darüber übrig, was an der thierischen Zelle den Bestandtheilen der Pflanzenzelle entspricht. Ich glaube das auch in meinen früheren Aufsätzen deutlich genug ausgesprochen zu haben, um mich über den Standpunkt im höchsten Grade verwundern zu dürfen, den *Reichert* mir gegenüber einnimmt. Er will beweisen, dass Zellen, denen ich die Membran abspreche, eine solche zukomme, indem er auf den Primordialschlauch zurückgeht, den ich als Rindenschicht des Protoplasma nie geläugnet habe, von dem aber durch *Pringsheim* bewiesen ist, dass er eine vom Protoplasma differente Membran, um die es sich bei mir allein handelt, nicht darstellt. Und um endlich Alles zu verwirren, wird auch noch der Ausdruck Protoplasma willkürlich als ein ganz nach Belieben gebrauchter bezeichnet, dessen Verwendung in der Lehre von der thierischen Zelle nur Nachtheil bringen könne[7]. Somit fehlt jeder Boden der Verständigung zwischen uns und verzichte ich darauf, auf die Einzelheiten weiter einzugehen. Dem Thatsächlichen gegenüber bemerke ich nur noch, dass ich die drei Hauptsätze in der Opposition *Reichert's*, seine Mittheilungen über den Faltenkranz des sich furchenden Froscheies[8], die Eröffnungen über die sogenannte Körnchenbewegung an den Pseudopodien der Polythalamien[9] und die Abweisung der Möglichkeit einer Zusammenstellung des Protoplasma der Pflanzenzellen mit der Substanz der Pseudopodien der Rhizopoden[10] als vollkommen unhaltbare kennzeichnen werde. Ueber den erstgenannten Gegenstand behalte ich mir das Nähere für eine andere Gelegenheit vor, letztere beiden Punkte finden in Nachstehendem ihre Erledigung.

## II.
# Das Protoplasma der Rhizopoden.

Wie ich zu wiederholten Malen erprobt habe, ist es nicht schwer, Foraminiferen lange Zeit in Gläsern lebendig zu erhalten und lebend weite Strecken zu transportiren. So gelang es mir auch neuerdings eine grosse Zahl solcher Thiere, welche ich an der Südküste Englands bei Weymouth gesammelt hatte, nach Bonn zu bringen und hier eine Reihe von Monaten lebendig zu beobachten. Diese Thiere und eine grosse Anzahl Exemplare von Actinophrys Eichhornii, welches interessante Thier an einer bestimmten Localität in der Nähe von Bonn in grosser Quantität fast das ganze Jahr hindurch vorkommt, dienten zu den hier mitzutheilenden Untersuchungen. Dieselben wurden zunächst unternommen, um über die Natur der die Pseudopodien bildenden Substanz und die eigenthümliche Bewegung, welche man an derselben wahrnimmt, die sogenannte Körnchenbewegung, weitere Beobachtungen zu sammeln. Die Foraminiferen strecken zu einer grösseren oder zu vielen kleineren Oeffnungen ihrer Schale Fäden einer durchsichtigen körnerreichen Substanz aus, welche einen hohen Grad von Veränderlichkeit ihrer Gestalt und Länge besitzen, es sind die sogenannten Pseudopodien. Dieselben verlaufen divergirend, theilen sich meist unter spitzen Winkeln, verbinden sich unter einander netzförmig. Sie sind in einer fortwährenden Bewegung begriffen und diese äussert sich theils in einer Veränderung der Anordnung, in einer Verlängerung, Verkürzung, Theilung, Verschmelzung, Brücken- und Netzbildung, theils in einer inneren Bewegung, welche auch denjenigen Fäden nicht abgeht, welche keine der ebengenannten mehr äusserlichen Veränderungen zeigen, also sozusagen in Ruhe sind. Diese innere Bewegung ist die sogenannte Körnchenbewegung. Es ist ein Gleiten, ein Fliessen der in die Fadensubstanz eingebetteten Körnchen. Mit grösserer oder geringerer Schnelligkeit ziehen sie in dem Faden entweder dem peripherischen Ende desselben zu, oder in der umgekehrten Richtung, oft sogar selbst an den dünnsten Fäden in beiden Richtungen zugleich. Körnchen, die sich begegnen, ziehen entweder einfach aneinander vorbei oder bewegen sich umeinander, bis nach einer kleinen Pause beide ihre ursprüngliche Richtung fortsetzen oder eins das andere mit sich nimmt. Wie auf einer breiten Strasse die Spaziergänger, so wimmeln an einem breiteren Faden die Körnchen durcheinander, wenn auch manchmal stockend und zitternd, doch immer eine bestimmte der Längsrichtung des Fadens entsprechende Richtung verfolgend. Oft stehen sie mitten in ihrem Laufe still und kehren dann um, die meisten jedoch gelangen bis zum äussersten Ende der Fäden und wechseln hier erst ihre Richtung. Nicht alle Körnchen eines Fadens bewegen sich mit gleicher Schnelligkeit, so dass oft eins das andere überholt, ein schnelleres das langsamere zu grösserer Eile treibt oder an dem langsameren in seiner Bewegung stockt. Wo mehrere Fäden zusammenstossen, sieht man die Körnchen von einem auf den anderen übergehen. An solchen Stellen befinden sich oft breitere Platten, welche aus einer stärkeren Anhäufung der Fadensubstanz hervorgegangen sind, und aus welchen dann wie selbstständige Fortsätze weitere Fäden sich entwickeln, oder in welche bereits bestehende wie eingeschmolzen werden. Viele Körnchen laufen offenbar ganz an der äussersten Oberfläche der Fäden, über welche man sie deutlich hervorragen sieht. Vielleicht haben alle diese oberflächliche Lage. Ausser den kleinen Körnchen sieht man oft grössere Substanzklümpchen wie spindelförmige Anschwellungen oder seitliche Auftreibungen eines Fadens in ähnlicher Bewegung wie die Körnchen. Selbst fremde Körper, welche der Fadensubstanz anhaften und in sie aufgenommen worden, schliessen sich dieser Bewegung an. Das sind die Haupterscheinungen der Körnchenbewegung, wie sie von mir[11] und in Uebereinstimmung mit meiner Beschreibung von *Joh. Müller*[12] und *E. Haeckel*[13] theils an Polythalamien, theils an anderen Rhizopoden geschildert worden ist.

Dass die merkwürdige, das Auge stets neu fesselnde, ganz einzig dastehende Körnchenbewegung mit der Contractilität der Pseudopodiensubstanz, wie sie sich in den eigentlichen Zusammenziehungen äussert, in Verbindung zu bringen sei, daran sind nie Zweifel ausgesprochen worden, haben wir doch zur Bezeichnung des inneren Grundes selbstständiger thierischer Bewegungen keinen anderen Ausdruck als den der Contractilität. Aber was die Körnchenbewegung mit den Contractionserscheinungen an anderen contractilen Theilen, am Muskelgewebe gemein habe, darüber hatte bisher Niemand auch nur Vermuthungen geäussert. Ich habe die Bewegung der Körnchen ein Fliessen genannt, und da die Körnchen offenbar sich nicht activ bewegen, sondern nur den Bewegungen der Grundsubstanz folgen, so musste diese natürlich auch als in fliessender Bewegung begriffen bezeichnet werden. Damit ein Faden sich verlängern könne, müssen ganze Massen von Substanz ihren Ort wechseln, was man oft an fortschreitenden grösseren Substanzklümpchen beobachtet. Nimmt man diesen Ortswechsel an grösseren Massen der Pseudopodiensubstanz wahr, so liegt offenbar kein Grund vor, die Möglichkeit eines solchen Ortswechsels für kleinere Abtheilungen der Substanz zu läugnen. Somit erschien es am natürlichsten, auch die Körnchenbewegung auf ein Gleiten kleiner Partikelchen der Grundsubstanz mit eingebetteten Körnchen zurückzuführen, wie man dasselbe für etwas grössere Substanzmassen direct beobachten kann. So erklärt sich der Ausdruck fliessende Bewegung der Grundsubstanz, welcher zugleich eine Hindeutung auf die eigenthümliche Consistenz der contractilen Pseudopodiensubstanz enthält, welche in Betracht der merkwürdigen

Innenveränderungen, welche an ihr zur Beobachtung kommen, an die einer Flüssigkeit erinnert.

Bei der Isolirtheit, in welcher unter allen Bewegungserscheinungen im Thierreiche die Körnchenbewegung der Pseudopodien stand, musste es das höchste Interesse erregen, als ein Analogon der räthselhaften Pseudopodiensubstanz an ganz anderer Stelle der organischen Natur aufgefunden wurde, als man eine Identität in den Bewegungserscheinungen der Polythalamienfäden und der im Hohlraum einer Pflanzenzelle ausgespannten Protoplasmafäden erkannte. *Unger*[14] gebührt das Verdienst, der Wissenschaft zu diesem Fortschritt verholfen zu haben. Freilich ohne die Pseudopodien der Polythalamien aus eigener Anschauung zu kennen, nur gestützt auf die von mir gegebenen Beschreibungen und Abbildungen erkannte er, was sich glänzend bewahrheitet hat, die bis zur Uebereinstimmung gesteigerte Aehnlichkeit in dem Ansehn und den Bewegungen der Rhizopodenfortsätze und der sogenannten Protoplasmaströme in vielen Pflanzenzellen. Nach ausführlichen Betrachtungen über die Art der Bewegung bei letzteren kommt er zu dem Schluss (p. 280): »Die nächste Ursache der Saftbewegung in den Zellen kann weder in der Diasmose noch in der Einwirkung des Kernbläschens auf den Zellinhalt, noch in irgend einer mechanischen Einrichtung, wie z. B. in Flimmerorganen u. s. w. gesucht werden, sondern sie liegt vielmehr in der Beschaffenheit des sich bewegenden Protoplasma, welches als ein vorzugsweise stickstoffhaltiger Körper nach Art jener einfachen contractilen thierischen Substanz, welche man Sarcode nennt, in der Form einer rhythmisch fortschreitenden Contraction und Expansion in die Erscheinung tritt.« Und weiter (p. 282): »Alles diess deutet darauf hin, dass das Protoplasma nicht als eine Flüssigkeit, sondern als eine halbflüssige contractile Substanz angesehen werden müsse, die der thierischen Sarcode zunächst vergleichbar ist, wo nicht gar identisch mit dieser zusammenfällt.« »Vergleicht man die Sarcodesubstanz niederer Thiere, namentlich der Rhizopoden, mit dem Protoplasma, wie es sich in den Pflanzenzellen in der Regel darstellt, so wird man durch die Uebereinstimmung beider in Form, Beschaffenheit und Wirksamkeit in der That sehr überrascht.« Es folgt jetzt eine umständliche Vergleichung der von mir gegebenen Beschreibung der Bewegungen von Amoeba porrecta mit den Erscheinungen der Protoplasmabewegungen in den jungen Samenlappen der Wallnuss, nach welcher *Unger* erklärt, dass erstere auch in allen Stücken auf das pflanzliche Object passe.

Durch diese Angaben war die eigenthümliche Bewegungsform der Pseudopodien der Polythalamien aus ihrer Isolirtheit herausgetreten und für ihre Betrachtung ein neues Feld eröffnet. Zunächst musste eine weitere Feststellung des Thatbestandes in so fern wünschenswerth erscheinen, als

*Unger* aus eigener Anschauung nur das pflanzliche Object kannte. So widmete ich mich, nachdem mir die Angaben *Unger's* bekannt geworden, einem ausführlichen Studium der Bewegungserscheinungen des Protoplasma der Pflanzenzellen, deren ich bis dahin nur die der Nitellen beobachtet hatte, welche mir, wie aus der eigenthümlichen Art der hier vorkommenden Bewegungen natürlich erscheint, keinen Anknüpfungspunkt zu einer Vergleichung derselben mit der Sarkode der Rhizopoden gegeben hatte. Ein viel günstigeres Object sind die Staubfadenhaare der Tradescantien. Die Beobachtung derselben bestärkte in mir immer fester die Ueberzeugung, dass in der That die vollkommenste Uebereinstimmung in der Bewegungsform der scheinbar so himmelweit verschiedenen Substanzen herrsche. Als ich auf Helgoland Gelegenheit fand, Protoplasmabewegungen in Diatomeen mit Pseudopodien von Rhizopoden direct zu vergleichen, theilte ich meine Erfahrungen, auch die Beobachtungen, welche ich an Tradescantia angestellt hatte, ausführlich mit[15].

Doch enthielt ich mich damals noch aller die Natur der Sarkode der Rhizopoden betreffenden Schlüsse, zu denen die vorliegenden Beobachtungen hindrängten, indem ich mich darauf beschränkte die Tragweite der letzteren mit folgenden Worten anzudeuten (l. c. p. 337): »Die geschilderten Bewegungen des Protoplasma der Pflanzenzellen können nach meiner Meinung nicht unberücksichtigt bleiben, wenn es sich um eine Deutung der räthselhaften Lebenserscheinungen der Sarkodefäden bei den Rhizopoden handelt, und empfehle ich das vergleichende Studium der ersteren namentlich Denen, welche eine Zusammensetzung z. B. der Polythalamienfäden aus kleinen Zellen für möglich und wahrscheinlich halten. Bei Tradescantia verlaufen, wie es scheint, dieselben Erscheinungen, welche dort auf thierisches Leben bezogen werden müssen, an unzweifelhaftem Zelleninhalt.«

Wenn ich damals anstand die Pseudopodiensubstanz dem Protoplasma der Zellen gleichwerthig zu erklären, so lag das an der sehr gerechtfertigten Besorgniss durch einen solchen Ausspruch von dem Worte Protoplasma an einem Orte Gebrauch zu machen, wo nach den herrschenden Ideen über die nothwendigen Bestandtheile einer Zelle von Zellen, also auch von Protoplasma, nicht die Rede sein konnte. Es war ein ähnlicher Fall, wie wir ihn mit den Muskelkörperchen erlebt haben. Die Schranken der dominirenden Zellentheorie liessen es nicht zu, die schwebende Frage in dem Sinne zu lösen, zu welchem die Natur offenbar hindrängte. Es musste sich also zunächst die Frage aufwerfen, ob die Theorie nicht einer Erweiterung fähig sei, welche den natürlichen Verhältnissen mehr Rechnung trage ohne doch das einmal als richtig und wichtig Erkannte zu zerstören. Diese Angelegenheit brachte ich in den unten genannten beiden Aufsätzen zur Sprache. Ich suchte nachzuweisen, dass zum Begriff der Zelle die Membran nicht nothwendig gehöre, dass vielmehr eine gewisse Menge einer Substanz mit den Eigenschaften des Protoplasma wie *H. v. Mohl*, *Pringsheim* u. A. es bei den Pflanzenzellen kennen gelehrt haben, nebst einem Kern als Zellenkern in diesem Protoplasma dasjenige repräsentire, was als Wesen der lebendigen Zelle angesehen werde. Es konnte mir selbstverständlich nicht in den Sinn kommen, die Membran, wo sie sicher nachzuweisen ist, zu läugnen, und ihre hohe Wichtigkeit als formgebend und die Festigkeit der Gewebe bedingend zu bestreiten, es handelte sich nur darum, ob das Protoplasma eine solche Selbstständigkeit besitzen könne, dass es auch ohne äussere, von ihm verschiedene Membran existiren, leben, und mit seinem Kerne das darstellen könne, was wir als das Wesen einer Zelle vom physiologischen Standpunkte aus betrachten. Wenn nun, wie ich Grund fand anzunehmen, zum Begriff der Zelle, also auch des Protoplasma, die Membran nicht gehöre, man also von nacktem Protoplasma sprechen konnte, so war das Hinderniss überwunden, die Rhizopodenpseudopodien, welche eine von der contractilen Substanz differente Membran nicht besitzen, als Theile einer Zelle, als Protoplasma anzusehen, mit welcher Substanz, wie sie uns in gewissen Pflanzenzellen entgegentritt, sie einen so hohen Grad der Uebereinstimmung zeigen. Ich schlug endlich vor das missliebige, weil in einer gewissen Opposition zur Zellentheorie stehende, Wort Sarkode ganz zu verbannen und mit dem Worte Protoplasma zu vertauschen, »in welchem der Triumph der Zellentheorie auch über diese niedersten organischen Gebilde ausgedrückt liegt[16].«

*Ernst Haeckel* hat sich in seiner auf den umfassendsten Untersuchungen beruhenden ausgezeichneten Monographie der Radiolarien meinen Ansichten über das Wesen der sogenannten Sarkode vollkommen angeschlossen, und hat dieselben durch neue Beispiele wesentlich gestützt.

Ein heftiger Gegner ist ihr in *Reichert* erwachsen[17]. Obgleich derselbe früher gegen die Sarkodetheorie *Dujardin's* gerade aus dem Grunde ankämpfte[18], weil sie »das wichtige und so durchgreifende Naturgesetz, demzufolge die Geschöpfe der organischen Natur durch Vermittelung der Zelle gezeugt, entwickelt, gebildet werden, für eine Abtheilung und zwar thierischer Geschöpfe eliminirt«, so scheint ihm die neue Wendung, nach welcher die Zellentheorie einen Triumph auch über die niedersten thierischen Organismen feiert, nicht weniger verderblich. *Reichert* sieht jetzt in der Verherrlichung des Protoplasma die alte Lehre vom lebenskräftigen Urschleim neu auferstanden, und bekämpft die »Hypothese des unsichtbar organisirten Zelleninhaltes« (Archiv etc. 1862, p. 640), wie wenn er der ausgesprochenste Gegner der Zellentheorie wäre. Wenn sich *Reichert* das »Unbegreifliche« erst »verständlich« machen muss, »wie man auf den Gedanken gerieth, die Saftströmungen in den Zellen mit den Contractionsströmungen an den Pseudopodien zu identificiren« (l. c. p. 646), so geht daraus zwar hervor, dass seine Opposition mehr auf theoretischen Bedenken als auf Beobachtungen beruht. Denn unbegreiflich und unverständlich muss es genannt werden, wenn Jemand, der die Polythalamien im Leben beobachtet hat, über die frappante Aehnlichkeit der Bewegung des Protoplasma in den Tradescantia-Zellen mit obigen Worten urtheilt. Dennoch müssen wir etwas ausführlicher auf eine Seite seiner Opposition eingehen, die nämlich, welche sich auf meine und der anderen bisherigen Beobachter Angaben über die Körnchenbewegung und das »angebliche Zusammenfliessen« der Scheinfüsse der Polythalamien bezieht, sowohl um des Gegenstandes selbst willen, als in so fern daraus Angriffe gegen die Protoplasmatheorie überhaupt abgeleitet werden[19].

Nach *Reichert* giebt es in der Substanz der Pseudopodien der Polythalamien gar keine Körnchen, folglich auch keine Körnchenbewegung. Letztere ist eine optische Täuschung, dadurch entstanden, dass man Wellen der Oberfläche der Fäden für Körnchen in der Substanz gehalten hat. »Das Thier (l. c. p. 647), an welchem ich die Körnchenbewegung zum ersten Male beobachtete, liess dieselbe nur an einzelnen Fäden wahrnehmen, und es gab zugleich Momente, in welchen die sichtbaren, ausgestreckten Pseudopodien sich völlig ruhig verhielten. Die Körnchenbewegung gab sich ferner so zu erkennen, wie es *Max Schultze* und *Joh. Müller* beschrieben haben, als ein an der Oberfläche des Fadens sich hin- oder zurückbewegendes Korn oder Körnchen. Ich muss jedoch hinzufügen, dass die Bewegung des Korns nicht gleichmässig war, sondern dass das Korn über die Oberfläche fortzuhüpfen schien, oder doch wenigstens eine zitternde Bewegung verrieth. Es war mir aber sehr auffällig, dass ungeachtet zahlreicher angeblicher Körnchen-Zuströme, und obgleich man an den Enden der Fäden häufig genug das stillstehende Korn nicht zurückkehren sieht, — im ganzen Gesichtsfelde, weder in der umgebenden Flüssigkeit, noch an und in der Substanz der Strahlen selbst, irgend ein sichtbares ruhendes Kügelchen sich wahrnehmen liess. Und doch sollte die aus dem Körper den Strahlen zuströmende Sarkode-Substanz Kügelchen enthalten, und die grösseren Kügelchen nicht allein das Hervortreten der fortströmenden Masse über das Niveau des Fadens bewirken, sondern überhaupt den optischen Ausdruck der Körnchenbewegung bedingen. Leibessubstanz mit Kügelchen konnte also den Strahlen nicht zugeflossen sein; — das Trugbild lag offen zu Tage.«

*Reichert* ist schnell fertig wie man sieht. Und warum ist die Körnchenbewegung ein Trugbild? Weil *Reichert* weder in der umgebenden Flüssigkeit (sic) noch an und in der Substanz der Strahlen selbst irgend ein sichtbares ruhendes Korn wahrgenommen hat!

Schon in der folgenden Zeile ist nur noch von scheinbaren Körnern die Rede, über deren Natur und Entstehung es weiter heisst: »An irgend einer beliebigen Stelle des hyalinen ausgestreckten Fadens zeigt sich plötzlich eine scheinbare Verdickung von spindelförmiger Begrenzung, etwas gelblicher Färbung und dunkler Contour; die Spitzen der Spindel verlieren sich ganz unmerklich in die unverändert gebliebenen angrenzenden Theile des Fadens. Bald darauf erscheint es als ob die Spindel kürzer, in ihrer Mitte aber dicker, dunkler werde und mit derselben aus dem Niveau des Fadens mehr hervortrete; endlich entschwinden die Enden der scheinbar spindelförmigen Verdickung dem Blicke, und die erhobene mittlere Partie hüpft unter dem Bilde eines Kornes auf der Oberfläche des Fadens hin. Ganz auf dieselbe Weise, jedoch in umgekehrter Ordnung, verschwindet das Körnchen beim Aufhören der Bewegung.« »Wer das allmähliche Entstehen und Aufhören der Körnchenbewegung verfolgt hat, wird die Vorstellung von einer wirklich fliessenden Substanz in den Pseudopodien sicherlich fallen lassen.« Es bleibt nur noch die Annahme der auf der Oberfläche fortschreitenden Contractionswelle übrig, und fragt es sich nur, was diese Welle für eine Form haben müsse, um ein scharf contourirtes Körnchen, wie man factisch deren sieht, vorspiegeln zu können. Hier kommt *Reichert* zu dem Resultat, dass diese Form nur die einer »am Faden fortziehenden Schlinge« sein könne (p. 650). »Die sich erhebende Schlinge wird zuerst als eine langgezogene, in ihrer Mitte sich verdickende, aus dem Niveau des Fadens heraustretende Anschwellung gesehen. Die erhobene Schlinge selbst ferner giebt sich in Folge der Lichtbrechungsverhältnisse der Scheitelkrümmung gerade so, wie sehr häufig bei den Querfältchen der glatten Muskelfasern als ein auf dem Faden aufliegendes Korn oder rundliches, oder ovales Körperchen zu erkennen. Ebenso leuchtet es ein, dass die in Fortbewegung begriffene Schlinge als ein auf der Oberfläche des Fadens fortziehendes Körnchen erscheinen müsse, und dass sie endlich das mikroskopische Bild eines hüpfenden Kornes gewähren werde, da vorausgesetzt werden darf, dass die Schlinge bei ihrer continuirlichen Neu- und Rückbildung nicht immer die gleiche Höhe beibehalte, — was sich eben als ein Schwanken der Scheitelkrümmung der Schlinge oder des scheinbaren Korns zu erkennen giebt. Es ist mir nicht gelungen, eine der Schlinge entsprechende Zeichnung im mikroskopischen Bilde wahrzunehmen, ich glaube aber nicht, dass hierauf unter den obwaltenden Umständen irgend ein Gewicht gelegt werden darf.«

Man könnte zunächst mit *Reichert* darüber rechten, ob das von ihm zur Beobachtung benutzte Material ein ausreichendes gewesen, den übereinstimmenden Angaben der bisherigen Beobachter der Körnchenbewegung in einer solchen Weise, wie er gethan, gegenüberzutreten. Laut eigener Angabe (l. c. p. 642) ist es nur eine Species von Miliola und Rotalia, durch deren Beobachtung *Reichert* für ein optisches Trugbild erklären zu können glaubt, was ich an mehr als 20 verschiedenen Species[20] sah und *Joh. Müller* nach seinen Untersuchungen an mehreren Polythalamien und nahe an 50 Arten Radiolarien bestätigte. Die Gromia oviformis aber, von der ich sage, dass keine der anderen Arten sich so gut zum Studium der histiologischen Details eigene (l. c. p. 18), und auf welche sich zunächst meine Beschreibung der Körnchenbewegung bezieht (l. c. p. 16 und 17), hat *Reichert* gar nicht gesehen.

Doch fragen wir, auf welche Gründe hin *Reichert* die Existenz von Körnchen und danach auch das »Fliessen« von Körnchen in der Substanz der Pseudopodien läugnet. Es ist schwer, wenn man die Bewegungserscheinungen der Pseudopodien beobachtet, zu begreifen, wie es möglich gewesen, dass *Reichert* die Körnchen für eine optische Täuschung erklären konnte. Hätte derselbe Gromia oviformis vor sich gehabt, er wäre nie auf diese Idee gekommen. Denn hier sind die Körnchen zum grossen Theile Kügelchen von so starkem Glanze wie Fetttröpfchen oder ähnliche Gebilde. Schon eine mässige Vergrösserung (2–300 Mal) genügt hier, die vollkommen kreisförmige Begrenzung der fraglichen Gebilde und den Unterschied in der Lichtbrechung zwischen Grundsubstanz und Körnchen deutlich wahrzunehmen. Auch andere Gromia-ähnliche Rhizopoden verhalten sich ebenso, und mache ich nur auf die Abbildung der Lieberkühnia bei *Claparède* und *Lachmann*[21], von welcher ich eine ganz ähnliche Zeichnung bei *Guido Wagener* gesehen habe, aufmerksam. Ist es schon in hohem Grade unwahrscheinlich, dass dieselbe Erscheinung, welche an dem einen Rhizopod von gleitenden Körnchen herrührt, an einem anderen von ganz verschiedenen Ursachen bedingt sein soll: so giebt die aufmerksame Beobachtung auch nicht den geringsten Anhaltspunkt zur Annahme einer solchen Verschiedenheit. Allerdings sind die der Pseudopodiensubstanz der Milioliden eigenen Körnchen viel kleiner als die der Gromiden, doch dieser Unterschied kann durch Anwendung stärkerer Vergrösserungen ausgeglichen werden. Mit Hülfe solcher ist mir und Anderen, denen ich das Object zeigte, kein Zweifel übrig geblieben, dass auch die Milioliden massenhaft Körnchen, d. h. Körperchen von einer anderen Lichtbrechung als ihre Umgebung, in ihrer Substanz enthalten. Den Beweis dafür entnehme ich aus Folgendem:

1) Scharfe Begrenzung und starker Glanz der fraglichen Körperchen sprechen nicht dafür, dass dieselben nur Theile der Fadensubstanz selbst seien, denn diese Substanz bricht, wie *Reichert* zugiebt, das Licht nur wenig anders als das umgebende Wasser. Ganz entscheidend ist aber der Umstand, dass Körnchen, welche seitlich über den Rand eines Fadens hinausragen, ebensogut wie die anderen bei Hebung des Tubus über diejenige Einstellung, bei welcher man die Bewegung am deutlichsten sieht, in einen Lichtpunkt übergehen. Derselbe beweist, dass sie wie eine Sammellinse wirken, und dass sie keine »am Faden fortziehenden Schlingen« sind, wie *Reichert* will, denn solche müssten, im Profil gesehen, als Ringe oder Oesen von Pseudopodiensubstanz beim Heben des Tubus in der Mitte einen dunkeln

Fleck erhalten, wie aus *Welcker's* Bemerkungen über die Unterscheidung von Erhabenheiten und Vertiefungen unter dem Mikroskope hervorgeht[22].

2) Man erkennt bei starken Vergrösserungen (*Hartnack* System 10, oder *Zeiss* F), dass viele der an und in den Fäden der Milioliden auf- und abziehenden Körnchen eine längsovale oder stäbchenförmige Gestalt besitzen, und dass, wenn sie auch meist mit ihrer längern Axe der Längsaxe der Fäden parallel gehen, sie nicht selten sich rechtwinklig zu letzterer aufstellen, um dann bei weiterer Bewegung sich wieder umzulegen. Kurz die Körperchen befinden sich öfter in einer rotirenden Bewegung, und diese beweist ihre körperliche Natur.

3) *Reichert* will die Abwesenheit von Körnchen in der Substanz der Pseudopodien durch folgenden Satz beweisen (l. c. p. 644): »Da die körnige Zeichnung jedesmal sofort verloren geht, wenn die Fäden in gestreckter Lage ruhig liegen, oder die körnigen Platten und Lamellen sich in ruhende gestreckte Fäden wiederauflösen, so muss gefolgert werden, dass die körnige Zeichnung nur scheinbar sei und durch Formveränderungen der an sich hyalinen Fäden hervorgebracht werde.« Es ist mir nicht möglich gewesen, zu ermitteln, welcher Umstand *Reichert* so täuschen konnte, dass er obige Behauptung aufstellte. Ich finde bei lebenden Thieren mit ausgestreckten Fäden nie und an keiner Stelle eine derartige Ruhe, dass die Körnchenbewegung aufhöre und der Faden ein gleichmässig hyalines Ansehn annehme. Allerdings sieht man hie und da an sehr dünnen Fäden kein Körnchen. Dergleichen kommt bei Thieren wie den Milioliden, deren Protoplasma eben nicht sehr körnerreich ist, vor. Aber in solchen Fällen vergeht kaum eine Secunde, dass nicht Körnchen erscheinen, die von benachbarten Fäden auf die körnchenlosen übergehen. Nach *Reichert's* Angaben sollte man erwarten, dass an jedem Faden die körnige Zeichnung zeitweise ganz verschwinden könne, »wenn die Fäden in gestreckter Lage ruhig liegen«, was nach erfolgtem Ausstrecken sich von allen Fäden sagen lässt, die nicht in der Retraction begriffen sind. Solche in gestreckter Lage ruhig liegende Fäden zeigen aber immer das lebhafteste Spiel der Körnchenströmung, ebenso die Fäden, welche sich aus körnigen Platten oder Lamellen wiederauflösen. Dagegen kommt man recht oft dazu, einzelne Körnchen, wenn auch nur auf kurze Zeit ruhen zu sehen, so z. B. sehr häufig an sogenannten laufenden Brücken, wenn dieselben rechtwinklig auf den Fäden stehen, die sie verbinden; und bedient man sich künstlicher Mittel, so kann man die Körnchen auf weite Strecken in Ruhe setzen, ohne dass sie, wie *Reichert* annimmt, dabei verschwinden.

Ganz entscheidend in dieser Beziehung ist folgender Versuch: Man bringe an den Rand des Deckglases, unter welchem sich ein Thier mit ausgestreckten Pseudopodien befindet, einen Tropfen destill. Wasser, und beobachte dessen allmähliche Einwirkung. Die Körnchenbewegung wird langsamer, ohne dass an den Fäden sonst irgend eine Veränderung wahrzunehmen ist, endlich stockt sie ganz. Wenn das destillirte Wasser nicht zu heftig einwirkt, bietet der Faden auch jetzt noch, abgesehen von dem Mangel der Bewegung, ganz das Ansehn wie im Leben dar, die Körnchen sind ebenso deutlich zu sehen und in derselben Menge vorhanden, wie zuvor, die Grundsubstanz ist von unverändertem Aussehen. Körnchen, die sich eben noch bewegten, sieht man in den ruhenden Zustand übergehen und für immer in demselben verharren, ohne dass sich an ihnen sonst die geringste Veränderung wahrnehmen lässt. Macht sich der Einfluss des destillirten Wassers länger geltend, so treten erst kleine dann grösser werdende Vacuolen in der Grundsubstanz der Fäden auf, sie verbreitern sich, bekommen ein schaumiges Ansehn und gehen endlich unter zunehmenden Quellungserscheinungen zu Grunde.

Die Beobachtung der Körnchen in ihrem allmählich eintretenden Stillstande, wobei jedes einzelne scharf im Auge behalten werden kann, ist ganz entscheidend. Auch durch andere, energischer wirkende Agentien lässt sich ein gleiches Resultat, wie durch destillirtes Wasser erzielen z. B. Iodlösung, verdünnte Säuren und Alkalien, durch den elektrischen Strom, doch treten hier meist viel schneller Veränderungen der Fäden im Ganzen ein, worauf wir unten noch zurückkommen, so dass die Beobachtung nicht so rein ist als bei Anwendung des destillirten Wassers. Auch die schnelle Erwärmung des Objectträgers, auf welchem sich eine Miliolide mit ausgestreckten Pseudopodien befindet, bis auf mindestens 45° C., giebt ein belehrendes Bild. Die Pseudopodien erstarren in der Lage, in welcher sie sich gerade befinden, und verharren so lange in derselben, bis diffundirende Einflüsse des umgebenden Wassers sie endlich zerstören.

Jeden Einwand, dass Gerinnungserscheinungen die Beobachtung trüben, schliesst endlich folgendes Experiment aus. Zerdrückt man ein Thier, welches mit ausgestreckten Pseudopodien unter einem Deckglase liegt, sodass die Schale gesprengt und der Inhalt in dichten Massen hervorgepresst wird, so bleiben die ausgestreckten Fäden, wo sie nicht mechanisch incommodirt wurden, unverändert liegen und setzen das Spiel ihrer Bewegungen noch eine Zeit lang in gewohnter Weise fort. Sie retrahiren sich nicht, wenn ein Abreissen derselben von der Oberfläche des Glases, wenn eine andere Bewegung des Deckglases als zum Zerdrücken der Schale nothwendig ist, vermieden wird. Obgleich der Zusammenhang der Fäden mit dem Thierkörper durch das Zerdrücken des Letzteren an vielen Stellen der Basis der Fäden aufgehoben wird, dauert die Körnchenströmung doch noch unverändert fort. Aber sie wird allmählich langsamer, die Fäden ziehen sich mehr und mehr zu dichten Netzen und breiteren Platten zusammen, aus denen zwar wieder neue Fäden ausstrahlen, in denen aber nach und nach die Körnchenbewegung aufhört. Nach Verlauf einer Stunde hat dieselbe an den meisten Stellen ihr Ende erreicht. Trotzdem sind die Körnchen in der Grundmasse der Fäden noch so deutlich wie vorher, und halten sich so lange, bis der diffundirende Einfluss des Wassers endlich die Auflösung der Fadenreste herbeiführt, wobei sich die winzigen Körnchen unter Molekularbewegung zerstreuen.

Nach dem Voranstehenden dürfen wir wohl die Existenz von Körnchen in den Pseudopodien der Milioliden gegen die *Reichert*'schen Einwürfe für bewiesen ansehen. Sind aber Körnchen da, so bleibt es auch mit der Körnchenbewegung beim Alten und *Reichert* mag sich umsehen, wie er seine Behauptung, dass dieselbe ein »optisches Trugbild« sei, weiterhin stütze.

Die Körnchen der Pseudopodien sind in einer gleitenden Bewegung. Sie rücken auf weite Strecken vor und wieder zurück, sie tauschen ihren Platz mit anderen, ungehindert ziehen sie von einem Faden auf den anderen hinüber — diese Ortsveränderungen regen in uns die Frage nach der Consistenz derjenigen Substanz an, in welcher sie sich bewegen. Man hat die Bewegung der Körnchen eine fliessende genannt, und gewiss nicht mit Unrecht, denn solche Ortsveränderungen, wie wir sie beobachten, setzen voraus, dass die Substanz, in welcher sie zu Stande kommen, mit dem Aggregatzustande einer Flüssigkeit etwas gemein haben müsse. Nun giebt es aber bekanntlich verschiedene Grade des Flüssigen, und wenn wir uns für die Bezeichnung der Consistenz der Pseudopodien des Ausdruckes »dickflüssig wie Schleim« bedienten, also etwa an eine zähflüssige Gummilösung dachten, so glauben wir von dem Rechten nicht weit abgewichen zu sein. *Reichert* protestirt dagegen, die Pseudopodiensubstanz für tropfbar flüssig zu halten. Ich glaube nicht, dass sich bisher Jemand dieser Worte zur Bezeichnung der Dichtigkeit der Fadensubstanz bedient hat. Aber auch mit flüssigem Wachs oder Schleim will er sie nicht vergleichen. Er nennt sie fest-weich (p. 652), ausserordentlich weich und biegsam, und hebt an ihnen die bemerkenswerthe Eigenschaft des leichten Adhaerirens aneinander hervor, welches aber durchaus verschieden sein soll von dem, was die früheren Beobachter das Ineinanderfliessen zweier oder mehrerer Pseudopodien genannt haben.

Statt aller Discussion über den die Consistenz am passendsten bezeichnenden Ausdruck, welche in einen Wortstreit ausarten muss, da wir streng genommen, wie *Brücke* gewiss sehr richtig hervorhebt[23], die für die Aggregatzustände lebloser Körper erfundenen Ausdrücke auf belebte nicht ohne Weiteres anwenden können, wollen wir die Erscheinungen studiren, welche uns einen Begriff von der Consistenz der Pseudopodiensubstanz geben können. Wir wollen hier zuerst anführen, was wir beim Aneinanderstossen zweier auf ihrem Wege sich begegnender Pseudopodien beobachten; sodann die Aufnahme fremder Körper in die Pseudopodiensubstanz besprechen.

Verfolgt man an einer eben auf den Objectträger gebrachten Miliolide das Ausstrecken der Pseudopodien, so bemerkt man, dass alle schnell und in gerader Linie sich verlängernden Fäden an dem Ende abgerundet oder mit einer kolbenförmigen Anschwellung versehen sind, welche bald kuglig, bald herzförmig oder cylindrisch wurstförmig gestaltet ist. Manchmal ragt aus derselben noch eine feine Spitze hervor, welche an ihrem Ende auch wieder angeschwollen sein kann. Die Endanschwellung des Fadens ist körnig wie der ganze Faden, doch sind bei den Milioliden wie bei den meisten Foraminiferen mit Kalkschale die Körnchen kleiner, als bei Gromia oviformis, von der ich sie in möglichst naturgetreuer Lagerung auf der ersten Tafel meines oben citirten Werkes abgebildet habe. Es gehört eine klare, mindestens 4–500 mal. Vergrösserung dazu, um ohne zu grosse Anstrengung der Augen ihrem Spiel längere Zeit genau folgen zu können. Die Körnchen der Endanschwellung sind wie die letztere selbst in einer unruhig zitternden Bewegung. Während letztere im Vorrücken wie tastend hin und her schwankt, fliessen von der Basis des Fadens her stets neue Körnchen zu und gehen zum Theil an dem Ende des Fadens umkehrend in die rückläufige Bewegung über. Hat sich ein solcher Faden auf eine ansehnliche Länge ausgedehnt, ohne auf einen anderen Faden oder ein Hinderniss gestossen zu sein, so biegt er sich oft unter einem ziemlich genau rechten Winkel um und bewegt sich jetzt in der neuen Richtung vorwärts, als wisse er, auf diesem Wege einigen der anderen divergirend ausstrahlenden Pseudopodien zu begegnen. Höchst merkwürdig sind nun die Erscheinungen, wenn ein solches Begegnen eintritt, wenn ein geknöpfter Faden in seinem Laufe auf einen anderen stösst. Im Momente der Berührung zertheilt sich die knopfförmige Anschwellung wie eine platzende, mit Flüssigkeit gefüllte Blase und mischt ihre Substanz der des begegnenden Fadens bei. Genau wie wenn ein kleinerer Fetttropfen in einem grösseren aufgeht, so verschmilzt die Substanz des knopfförmigen Pseudopodienendes, indem die Körnchen mit einem Ruck auseinanderfahren, mit dem daneben hinziehenden Protoplasmastrome. So namentlich immer wenn letzterer recht breit ist; der dünnere Faden muss jetzt dem dickeren folgen, ihr Strombett ist ein gemeinschaftliches geworden. Trifft dagegen der vorrückende Faden auf einen dünneren als er selbst ist, so beobachtete ich mehrere Male, namentlich wenn ersterer unter rechtem oder nahezu rechtem Winkel auf den in seinem Wege hinziehenden feineren stiess, dass zwar eine Verschmelzung stattfand, der dickere aber seinen Weg in der ursprünglichen Richtung fortsetzte. Durch eine verkittende und die Winkel der kreuzweis verschmolzenen Fäden ausfüllende Masse mit dem anderen organisch verbunden liess er sich in seiner ursprünglichen Richtung nicht stören; verlängerte sich vielmehr noch auf eine lange Strecke.

Sehr oft begegnet es einem, dass, wenn man den Moment der Verschmelzung zweier einander entgegenlaufender Fäden erwartet, dieselben in verschiedenen Ebenen übereinander hinwegziehen. Ja die Verschmelzung scheint ausbleiben zu können auch bei directer Berührung. Es muss danach wahrscheinlich ein Act der Willkür mitwirken, oder es ist ein Hinderniss zu überwinden, wie zwei Fetttropfen oft erst zusammenfliessen, wenn sie mit einer Nadel angestochen werden.

Dass die Willkür mit im Spiele ist, geht schon daraus hervor, dass die Verschmelzung bei aneinanderstossenden Fäden verschiedener Individuen bestimmt nicht stattfindet, wie ich mich bei dicht nebeneinander auf die Objectträger gebrachten Individuen sehr oft überzeugt habe. Die Fäden weichen dann vor ihres Gleichen wie vor einem schlimmen Feinde zurück.

Wie die mitgetheilte Beobachtung des plötzlichen Auseinanderfahrens der Körnchen im Momente des Ueberganges der Substanz des einen Fadens in den anderen, so halte ich auch den so leicht zu beobachtenden Uebergang eines gleitenden Körnchens auf einen anderen Faden für beweisend für die Verschmelzung solcher Fäden. Die Substanz zweier Pseudopodien muss wenigstens an der Oberfläche ineinandergeflossen sein, wenn ein Körnchen aus einer in die andere übergeht. Da kann von einem blossen Aneinanderkleben nicht die Rede sein.

Sehr belehrend für die Beurtheilung der Consistenz der Pseudopodien und die Natur der Körnchenbewegung sind folgende Beobachtungen über die Aufnahme fremder Körper in das Innere derselben. Fast an jedem Thiere mit ausgestreckten Pseudopodien sieht man, dass hier oder dort ein kleiner fremder Körper dem Faden entlang zieht nach Art der Körnchen. *Joh. Müller* machte zuerst auf dies Verhalten ausdrücklich aufmerksam, indem er sagt (Die Thalassicollen, Polycystinen und Acanthometren etc. p. 9): »Wichtig ist was bisher an den Pseudopodien der Rhizopoden noch nicht gesehen war und was ich in vielen Fällen an Polycystinen feststellen konnte, dass mit den an der Oberfläche der Fäden in wechselnder Richtung fortgeführten Körnchen auch benachbarte fremde Körper, ganze Schleimklümpchen, unregelmässige Körnerhaufen in die gleiche Strömung entlang den Fäden gerathen.« *E. Haeckel* hat neuerdings diese Beobachtungen für die Radiolarien unter anderem durch Fütterung mit Carmin bestätigt[24], und ist es sehr leicht, sich von der Richtigkeit derselben auch für die Polythalamien zu überzeugen. Ich brachte Milioliden auf dem Objectträger in einen Tropfen Seewasser, dem vorher ein wenig feinzertheilter Carmin zugesetzt war. Die Menge desselben darf nicht gross sein, damit die Beobachtung der zarten Pseudopodien nicht gehindert werde. Schon die ersten hervorgestreckten Fäden eignen sich einen Theil der ihnen im Wege liegenden Carminkörnchen an. Man sieht die Farbstoffkörnchen an dem Faden gleich nach der Berührung festkleben und sich mit den Körnchen der Substanz desselben centripetal und centrifugal fortbewegen. Hat man einem Thier Zeit gelassen seine Fäden recht vollständig auszustrecken, und beobachtet nachdem das Thier etwa 1/4 Stunde mit dem Carmin in Berührung war, so bietet sich das überraschende und wahrhaft prächtige Schauspiel dar, dass alle Pseudopodien eine gewisse Menge von Carminkörnchen enthalten, welche, je kleiner sie sind, um so lebhafter an der Bewegung der den Pseudopodien eigenen Körnchen theilnehmen. Einige gleiten dem peripherischen Ende des Fadens zu, andere, und zwar der grössere Theil, werden in entgegengesetzter Richtung fortgeführt und in das Innere des Thierkörpers aufgenommen. Oft stockt die Bewegung eines Körnchens plötzlich, und erst wie nach kurzem Besinnen geht sie fort oder in die entgegengesetzte über. Dabei kommt an den Carminkörnchen dasselbe Zittern und Schwanken wie bei der Molekularbewegung vor, welches *Reichert* als hüpfende Körnchen bezeichnet und zu Gunsten seiner Schlingentheorie verwendet (l. c. p. 650). Ein Carminkörnchen überholt das andere, von zwei sich begegnenden kehrt eins mit dem anderen um. Endlich sieht man wo Anastomosen sind, die Farbstoffkörnchen so gut wie die anderen aus einem Faden in den anderen hinüberlaufen. Kurz, das Verhalten ist genau dasselbe, wie es uns von der Körnchenbewegung überhaupt bekannt ist, nur viel leichter zu beobachten entsprechend der Grösse und intensiven Färbung der Carminkörnchen.

Oft beobachtete ich, dass auch grössere Klümpchen Carmin, wie sie durch Zusammenkleben zahlreicher kleiner entstehen, selbst wenn sie einen mehr als zehnfach grösseren Durchmesser als die Fäden haben, doch mit fortgeschleppt wurden. So gelangen auch andere oft ziemlich grosse fremde Körper in den Körnchenstrom.

Der erste von mir verwandte Carmin war, wie häufig der Fall ist, mit Stärkemehl verfälscht. Es dauerte nicht lange, so bewegten sich den ausgestreckten Pseudopodien entlang eine Menge grosser Stärkemehlkörner, welche der Oberfläche der klebrigen Fäden anhingen. Sie wurden in grosser Masse an der Basis der Fäden an der Schalenmündung angehäuft und in das Innere des Körpers aufgenommen. Ich habe dann die Versuche mit reinem Stärkemehl wiederholt und mit demselben Erfolge. Auch bei ihnen kann man die doppelte, die hin- und rücklaufende Bewegung beobachten, doch geht der Hauptstrom der Schale zu. Als besonders wichtig ist hier noch hervorzuheben, dass die Fäden, an welchen die centripetale Strömung beobachtet wird, sich nicht im Ganzen verkürzen, sondern unverändert ihre Länge beibehalten oder sich fortwährend noch verlängern. Ein Faden, welcher in der lebhaftesten Streckung begriffen ist, zeigt neben dem centrifugalen auch den umgekehrten Strom seiner Körnchen, und wenn er einen fremden Körper aufnahm und derselbe nicht zu gross ist, kann auch dieser an der Strömung theilnehmen. Ebenso beobachtete ich oft auf das Deutlichste, dass an einem in der Retraction begriffenen Faden die centrifugale Strömung noch deutlich fortdauerte. Sie hört erst auf wenn die störenden Einflüsse, welche die Retraction hervorriefen, Erschütterung, chemische Reagentien, Schläge des Inductionsapparates, ihre Wirkung in weiterer Umgebung äussern.

Die Milioliden, welche mir zu meinen Versuchen dienten, bemächtigten sich des Carmines oder Stärkemehles so gierig, dass wenn dieselben einige Stunden in einem Uhrglas mit diesen Substanzen in Berührung gewesen waren, fast der ganze Körper, welcher in der Schale verborgen liegt, mit ihnen dicht erfüllt war, wie nach dem Auflösen der Schale in Säuren erkannt wurde.

Diese Versuche sind in mehrfacher Beziehung von hohem Interesse. Sie lehren zunächst, dass die Consistenz der Pseudopodien-Oberfläche eine so geringe ist, dass fremde Körper, welche an dieselbe anstossen, fast augenblicklich in dieselbe aufgenommen werden können. Weiter beweisen sie auf das schlagendste die von *Reichert* bestrittene, einem Fliessen vergleichbare Bewegung der Körnchen in der Substanz derselben. Sie lehren auf das Unzweideutigste, dass mit der Körnchenbewegung eine Veränderung der Lage der Theile Hand in Hand geht, welche nicht bloss Wellenbewegung ist. Endlich geben sie uns ein Mittel an die Hand, aus der Lagerung der in die Schale aufgenommenen fremden Körper diejenigen Theile des Thieres zu bestimmen, welche zur Nahrungsaufnahme und Verdauung dienen.

Wer viele verschiedene Arten von Rhizopoden aufmerksam untersucht hat, weiss sehr wohl, dass ihre Pseudopodien eine sehr verschiedene Consistenz und demnach auch eine sehr verschiedene Neigung zum Zusammenfliessen haben können. Es ist dasselbe Verhältniss wie mit dem Protoplasma verschiedener Zellen und verschiedener Theile einer Zelle. Unter den Gromiden treten die Extreme am schärfsten hervor bei den beiden Arten, welche ich als Gromia oviformis und Gromia Dujardinii beschrieb[25].

Letztere Art, welche ich zuerst bei Ancona im adriatischen Meere, sodann bei Helgoland auffand, habe ich wieder an der englischen Küste beobachtet und noch jetzt lebend in meinen Gläsern. Sie ist nach ihrer Schalenbildung von den Gromiden nicht zu trennen, unterscheidet sich aber von der erstgenannten Art durch die, soweit unsere Vergrösserungen reichen, vollkommen hyaline Beschaffenheit der von ihr ausgesandten Fäden. Diese sind äusserst träge in ihren Bewegungen, so starr und fest, dass sie keine Neigung zum Zusammenfliessen zeigen, auch wenn sie sich berühren. Von Bewegungen der Substanz, welche mit der Körnchenbewegung verglichen werden könnten, zeigen sie nicht das Geringste. Aber sie verästeln sich, wenn sie sich längere Zeit ungestört ausbreiten konnten (vergl. meine Abbildung l. c. Taf. VII, Fig. 1). Obgleich die Substanz ziemlich stark lichtbrechend ist, scharfe Grenzcontouren gegen das umgebende Wasser zeigt, ist an verästelten Fäden doch nicht die geringste Spur davon zu sehen, dass ein solcher von der Basis an aus mehreren nur lose aneinanderliegenden Fäden zusammengesetzt sei.

Zwischen diesen beiden Extremen liegen offenbar manche in der Mitte. So sind die körnerarmen Miliolidenpseudopodien allem Anschein nach etwas fester als die der Gromia oviformis, wie aus der ungleich langsameren Bewegung und dem seltener eintretenden vollständigen Zusammenfliessen gefolgert werden kann.

Aber auch an einem und demselben Thiere kann festere und flüssigere, hyaline und körnerreiche Substanz der Pseudopodien zusammen vorkommen. Gerade so wie bei vielen Amoeben eine hyaline Grenzschicht das körnerreiche Innere bedeckt und beide zusammen erst den Körper der Amoebe darstellen[26], so giebt es Pseudopodien, deren Axe ein hyaliner, und wie es scheint festerer Faden ist, auf dessen Oberfläche die körnerreiche, weichere Substanz sich bewegt. Dieses höchst merkwürdige Verhalten findet sich nach meinen Beobachtungen an den Pseudopodien von Actinophrys Eichhornii.

Es ist über dies Thier, welches offenbar unter allen Rhizopoden des süssen Wassers den Radiolarien des Meeres am nächsten steht, viel Wichtiges geschrieben. Dennoch sind einige beachtenswerthe Organisationsverhältnisse desselben nicht genügend aufgeklärt. Dahin gehört u. A. das Verhältniss der Pseudopodien zu der Körpersubstanz, der Bau der Pseudopodien selbst, und endlich der Unterschied in der Bildung des undurchsichtigeren Centraltheiles und der durchsichtigeren Rinde. Da diese Verhältnisse für die Lehre vom Protoplasma der Rhizopoden überhaupt von Interesse sind, so mögen meine bezüglichen Beobachtungen hier eine Stelle finden.

Die Pseudopodien, welche von dem kugelrunden Thiere nach allen Richtungen gleichmässig ausstrahlen, gleichen auf den ersten Blick starren, steifen Borsten, so wenig Bewegung ist an ihnen zu bemerken. Dennoch bestehen sie bekanntlich aus einer contractilen Substanz. Man gewahrt hie und da Biegungen, selbst Schlängelungen an ihnen, sie besitzen das Vermögen der Retraction, doch alle Gestaltveränderungen kommen bei ihnen nur sehr langsam zu Stande. Wie an den Pseudopodien ihrer nächsten Verwandten, der Radiolarien, so ist auch an ihnen eine Körnchenbewegung zu beobachten. Doch auch diese läuft ausserordentlich langsam ab, so dass sie *Ehrenberg*, *Kölliker*, *Stein* und anderen früheren Beobachtern entgangen war. *Claparède* hat sie, wie uns *Joh. Müller*[27] berichtet, zuerst gesehen, doch war 1858 *Joh. Müller* noch unbekannt, »ob die Körnchenbewegung in den strahligen Fäden der Actinophrys eine nur innere, oder auch äusserlich ist«[28]. Die Entscheidung verlangte die Anwendung stärkerer und besserer

Vergrösserungen. Mit Hülfe solcher (*Zeiss* System F, *Hartnack* 9 und 10) erkannte ich bis dahin übersehene Verhältnisse des feineren Baues und Ursprunges dieser Pseudopodien. Dieselben bestehen nach meinen Untersuchungen aus einem hyalinen, festeren Axenfaden und einer weichen, klebrigen, körnigen, beweglicheren Rindensubstanz. Nur in letzterer ist der Sitz der Körnchenbewegung, welche danach eine nur äusserliche ist. Körnchen in dem Axenfaden müssen, wenn sie vorkommen, zu den Seltenheiten gehören, ich habe keine solchen mit Sicherheit wahrnehmen können.

Die bisherigen Beobachter nehmen die Pseudopodien von Actinophrys als einfache Fortsetzungen der äussersten Rinde des Körpers, und *Joh. Müller* hebt dieses Verhältniss den Acanthometren gegenüber hervor, bei denen nach *Claparède's* Beobachtungen die Pseudopodien unter der Hautschicht sich bis in die tiefere organische Masse verfolgen lassen[29]. Dennoch scheint kein erheblicher Unterschied in dem Ursprunge der Pseudopodien der Actinophrys und der Acanthometren zu bestehen. Ich finde nämlich, dass bei Act. Eichhornii alle Strahlenfäden mittelst ihrer hyalinen Axe aus dem Inneren des Thierkörpers entspringen. Ich konnte sie immer radiär durch die Hautschicht bis auf die Oberfläche der dunkleren Marksubstanz verfolgen. Die bewegliche körnige Rinde der Fäden stammt dagegen deutlich von der äussersten Hautschicht der Actinophrys ab. Dabei ist sehr bemerkenswerth, dass oft mehrere hyaline Axenfäden welche nebeneinander, doch von getrennten Stellen der Oberfläche der Marksubstanz entspringen, sich zu einem gemeinschaftlichen Faden aneinander legen. Diese Verbindung tritt gewöhnlich während ihres Verlaufes durch die Rindensubstanz ein, kann aber auch noch ausserhalb des Körpers zu Stande kommen. Die Berührungsgrenzen verschwinden nicht immer ganz vollständig. Solche componirte Strahlen erhalten aber immer einen gemeinschaftlichen Ueberzug von der weicheren körnigen Masse der äusseren Schicht des Thierkörpers, welche sich wie eine Scheide um sie herum legt. Kommt die Verbindung erst ausserhalb des Körpers zu Stande, so ist es das, was man Verschmelzung zweier Pseudopodien genannt hat[30]. In diesem Falle besitzt jeder Faden bereits einen körnigen Ueberzug. Mittelst dieses verschmelzen sie in der That so schnell und vollständig, wie die Verschmelzung nur bei den Pseudopodien der Polythalamien zu Stande kommt. Aber die starren hyalinen Axenfäden laufen unverschmolzen noch nebeneinander. Vielleicht dass allmählich auch hier eine innigere Verbindung, ein vollständiges Verschmelzen eintritt. So scheint Actinophrys Eichhornii in ihren Pseudopodien die beiden Substanzen nebeneinander zu besitzen, welche getrennt bei Gromia oviformis und Dujardinii vorkommen, eine hyaline, festere, zur Verschmelzung wenig oder gar nicht geneigte Axensubstanz und eine zerfliesslich weiche Rinde mit Körnchenbewegung.

Ausser der Beobachtung des lebenden Thieres im unveränderten Zustande giebt es noch manche künstliche Mittel, sich von dem eben geschilderten Baue der Pseudopodien von Actinophrys zu überzeugen. Sehr belehrend ist folgende Beobachtung. Legt man auf ein recht lebenskräftiges, noch nicht lange in der Gefangenschaft gehaltenes Thier mit ausgestreckten Pseudopodien ein Deckglas, so dass ein mässiger Druck ausgeübt und das Thier abgeplattet wird, so zieht dasselbe die Pseudopodien langsam zurück. Dabei verändert sich das Aussehen der letzteren, die körnige Rinde schmilzt auf einzelne Klümpchen zusammen, welche spindelförmig den hyalinen Centralfaden umgeben. Der vorher glatte Faden sieht varikös aus. Ein so veränderter Faden zieht sich immer mehr zurück, legt sich dabei auch wohl in Biegungen um. Wo nun eine dieser spindelförmigen Anhäufungen der Rindensubstanz mit der Oberfläche des Thierkörpers in Berührung kommt, fliesst sie mit einem plötzlichen Ruck, wie wenn ein Fetttropfen in einem andern aufgeht, in die Rindensubstanz des Thierkörpers über. Der Vorgang ist ganz entscheidend für den schleimig flüssigen Aggregatzustand der in Rede stehenden Substanzen, und beweist, dass eine besondere Membran auf der Oberfläche der Pseudopodien nicht existirt.

Ganz ähnlich ist die Veränderung der Pseudopodien bei Zusatz sehr verdünnter Säuren und Alkalien. Wirkt z. B. sehr stark verdünnte Essigsäure auf das Thier ein, so zieht sich die weiche Rinde der Fäden schnell auf einzelne spindelförmige Klümpchen zusammen, deren 6, 8 und mehr hintereinander an einem Faden auftreten. Die Axe scheint unverändert, aber der Zusammenhang der Rindensubstanz ist unterbrochen, die Körnchenbewegung hat aufgehört. Der Faden zieht sich noch langsam zusammen, wenn die Essigsäure nicht so stark einwirkte, dass die Contractilität aufgehoben wurde. Aehnlich wirken sehr stark verdünnte Alkalien, Lösungen von Strychnin und Veratrin. Ob letzteren eine specifische Wirkung zukommt, bleibt zweifelhaft, da die Alkalescenz der Lösungen schon allein an den Veränderungen Schuld sein kann. So vermag ich auch keinen specifischen Einfluss in der Einwirkung der Schläge des Magnetelektromotors auf Actinophrys zu entdecken. Bei einer gewissen Stärke der Schläge tritt Contraction der Pseudopodien mit Varikositätenbildung ein, wie bei Zusatz der genannten Reagentien. Bei kräftigeren Schlägen löst sich das Thier auf. Auf die Körnchenbewegung wirken die Inductionsschläge so wenig als der constante Strom hemmend oder fördernd. Die Wirkung tritt erst ein mit den beschriebenen Erscheinungen der Contraction, welche durch die verschiedensten Mittel hervorgerufen werden können.

Bei allen diesen Einwirkungen zeigen wieder die spindelförmigen Anschwellungen, so lange die Masse noch lebt, eine grosse Neigung mit ähnlichen benachbarter Fäden zusammenzufliessen, bei welchem Vorgange immer die hyaline Axe eine mehr passive Rolle spielt.

Auch den Einfluss höherer Temperaturgrade will ich hier erwähnen, da er ein ähnlicher ist wie der bisher besprochenen Agentien. Bei 35–38° C. beginnt die Contraction der Pseudopodien und gleichzeitig sammelt sich wieder die weiche, körnige Rindensubstanz in einzelnen spindelförmigen Klümpchen auf der Oberfläche des Axenfadens. Die Pseudopodien ziehen sich vollständig zurück, und man könnte das Thier für todt halten, was es jedoch nicht ist, da die langsam fortschreitende Bewegung einzelner Körnchen im Innern in den Scheidewänden zwischen den Vacuolen fortdauert, und keine Trübung der Substanz, auch nicht der gleich unten zu erwähnenden, sehr eiweissreichen zellenartigen Körperchen eintritt. Mehrere Stunden in diesem Zustande unter dem Deckglase aufbewahrte Thiere erhielten sich, ohne dass eine Andeutung von Zersetzung eintrat, behielten vielmehr ihr vollkommen unverändertes Aussehen. So stimmen meine Beobachtungen bezüglich des Einziehens der Fäden bei 35° C. mit den von *Kühne* bei einer Art Actinophrys des Meerwassers angestellten[31] überein. Sie weichen dagegen ab was die Angabe des Temperaturgrades betrifft, bei welchem die Körpersubstanz der Actinophrys gerinnt, trübe wird, erstarrt, abstirbt, kurz in einen Zustand geräth, der mit der von *Kühne* für die Muskeln entdeckten Wärmestarre übereinstimmt. Nach *Kühne* tritt diese Wärmestarre bei Actinophrys und den Amoeben schon bei 35° C. ein. Ich habe Actinophrys Eichhornii in vielen Exemplaren successive erwärmt und gefunden, dass erst bei 43° C. eine Veränderung Platz greift, welche als Gerinnung, Wärmestarre und Tod angesprochen werden kann. Möglich, dass das Meerwasser, aus welchem *Kühne* seine Thiere entnahm, einen Unterschied bedingt. Ich operirte auf folgende Weise. Zunächst bemerke ich, dass ich mich eines *Geisler*'schen Thermometers bediente, welches für die Grade 30–50 noch speciell mit *Geisler's* Normalthermometer verglichen wurde. Zur Bestimmung der Temperaturgrade wandte ich anfangs einen Apparat zum Luftbade an, wie er in chemischen Laboratorien gebräuchlich ist, welcher wie ein Brütofen leicht auf constanter Temperatur erhalten werden konnte. Da ich jedoch sehr geringe Differenzen auf diese Weise nicht gut normiren konnte, bediente ich mich zuletzt des Wasserbades. In dieses, welches schnell jede Abstufung der Temperatur gestattete und ebenfalls sehr leicht auf constanter Temperatur zu erhalten war, brachte ich die Thiere auf dem Objectträger, nachdem sie vor dem Experiment genau gemustert worden waren; vorher wurde das Deckgläschen mit mehreren Wachströpfchen am Rande befestigt. Auf diese Weise konnte leicht dasselbe Individuum zu wiederholten Experimenten fixirt werden, und da der Objectträger unmittelbar neben das Thermometer in eine ziemlich ansehnliche Wassermenge gebracht und volle 2 Minuten in derselben gelassen wurde, so war genügende Sicherheit bezüglich des

Temperaturgrades, welcher eingewirkt hatte gegeben. Oder ich brachte eine an verschiedenartigen Thieren reiche Portion Wasser in einem Reagensglase in das Wasserbad neben das Thermometer und führte letzteres zur Controle in das im Reagensglase enthaltene Wasser selbst ein. Die Gerinnung der Körpersubstanz von Actinophrys Eichhornii lässt sich sehr scharf erkennen an dem plötzlichen Hervortreten der eiweissreichen zellenartigen Körperchen der Marksubstanz, von denen nachher die Rede sein wird. Dieselben sind im Leben nur mit grosser Mühe wahrnehmbar, treten aber im Momente der Gerinnung mit scharfen Contouren und mit ihren mehrfachen kleinen Kernen sehr deutlich hervor. Diese Veränderung beobachtet man bei 43° C. Es fragt sich aber noch, bei welcher Temperatur der Tod des Thieres eintritt. Sind die Pseudopodien eingezogen, was schon bei 35–38° C. geschieht, so erscheint das Thier ein lebloser Klumpen. Hat man Actinophrys in einer grösseren Wassermenge im Reagensglase erwärmt und untersucht, nach 12–24 Stunden, so kann man erwarten, dass, wenn das Thier lebensfähig blieb, dasselbe jetzt auch wieder deutliche Lebenszeichen abgebe, andrerseits dass, wenn dasselbe getödtet worden, sich jetzt Zeichen beginnender Zersetzung geltend machen. Auf diese Weise konnte ich die aufgeworfene Frage mit aller wünschenswerthen Genauigkeit beantworten. Actinophrys Eichhornii erhält sich bis 42° C. lebendig. Thiere, welche dieser Temperatur ausgesetzt waren, fand ich nach 12–24 Stunden stets ohne Spuren beginnender Zersetzung und mehrere Male mit neu ausgestreckten Pseudopodien, deren Zahl freilich gering, deren Bewegungen sehr träge waren, an denen ich aber die Körnchenbewegung mit dem Ocular-Mikrometer auf das Deutlichste constatiren konnte.

Es ist auffallend und mit Rücksicht auf die *Kühne*'schen Untersuchungen über die Wärmestarre der kalt- und warmblütigen Wirbelthiere[32] besonders interessant, dass auch bei den Wirbellosen nicht unbedeutende Verschiedenheiten bezüglich des Eintrittes der Wärmestarre vorkommen. Ohne sehr umfassende Beobachtungsreihen bisher angestellt zu haben, konnte ich doch wiederholt bemerken, dass, während Vorticellen schon bei 41° C. abzusterben pflegen, Difflugia, Actinophrys und Amoeba (radiosa Ehrb.) noch bei 42° lebendig bleiben, letztere hatte sich in einem Falle sogar nach der Einwirkung von 43° C. in Bewegung erhalten. Difflugia sah ich, nachdem sie 12 Stunden Zeit gehabt hatte sich nach dem warmen Bade von 42° zu erholen, in lebhafter Bewegung umherkriechen. Anguillulinen, Turbellarien, Naiden, Räderthiere und Ostracoden leben bei 43° noch munter fort und ertragen eine Temperatur bis 45°, wenn auch nicht alle Exemplare. Auch eine der häufigen Flagellaten unter den Infusorien, Bodo, war bei 44° in mehreren Exemplaren lebendig geblieben. Oscillatorien des Meerwassers sah ich bei 42° ihre Bewegungen einstellen, während Anguillulinen in diesem Wasser bei gleicher Temperatur munter fortlebten. Wir werden unten noch den Einfluss höherer Temperaturgrade auf das

Protoplasma der Pflanzenzellen besprechen und dann auf die eben angeführten Thatsachen verweisen.

Doch kehren wir zu unserer Actinophrys Eichhornii zurück. Verfolgt man die hyaline Axe der Pseudopodien derselben bis zu ihrer Wurzel an der Oberfläche des dunkleren Kernes, so gewahrt man, wie sie sich hier in die Wände der kleinen Alveolen verlieren. Da diese Wände Körnchen enthalten, die sich aber nicht oder nur ausnahmsweise ein wenig bewegen, so kann möglicherweise auch in die Masse der Fadenaxe ein Körnchen eintreten, doch ist das nicht gewöhnlich. Bei meinen Versuchen, die Wurzel der Pseudopodien genauer zu verfolgen, stiess ich auf zahlreiche zellenartige Körperchen in der Rinde des Kernes, welche in der von mir gefundenen Zahl und Lagerung bis dahin unbekannt waren. *Kölliker* erwähnt in seiner Beschreibung der Actinophrys sol[33], welche aber Act. Eichhornii ist, zellenartige Körperchen, deren er 10–12 in einem Thiere vermuthet und die er auch isoliren konnte. Es sind zweifelsohne dieselben von welchen ich reden will. Auch *E. Haeckel* hat sie gesehen und erwähnt ihrer in seiner Monographie der Radiolarien p. 165 als kernartige Körperchen. Schon bei schwacher Vergrösserung erkennt man sie an einem eigenthümlichen Glanz in situ. Sehr deutlich treten sie hervor, wenn man das Thier durch Erwärmung des Objectträgers über 42° C. tödtet. Jetzt erkennt man bei starker Vergrösserung deutlich, dass die Gebilde in der Rinde der dunkleren Marksubstanz zerstreut liegen, und glaube ich, dass sie auch auf diese beschränkt sind. Ihre Zahl erreicht bei grösseren Thieren 40 und darüber. Es sind äusserst zartwandige kuglige Gebilde mit gerinnbarem, eiweissartigem Inhalte und meist zahlreichen kleinen, wie es scheint homogenen Kernen. Ich habe sie zu verschiedenen Jahreszeiten untersucht, aber bisher immer fast genau gleich gefunden; die Zahl der Kerne variirt von 2–8. Mit der Wurzel der Pseudopodien stehen sie in keinem Zusammenhange. Bei Anwendung verschiedenster, den Actinophryskörper langsam lösender chemischer Agentien treten sie meist als resistentere Gebilde sehr deutlich hervor.

Die sehr bemerkenswerthe Structur der Actinophrys-Pseudopodien scheint sich bei manchen Radiolarien des Meeres zu wiederholen. Die Pseudopodien der letzteren gleichen in ihrer Starrheit, ihren meist langsamen Bewegungen ganz denen der Actinophrys. Bei den Acanthometren lassen sie sich, wie bereits erwähnt wurde, durch die Rindensubstanz in radiärer Richtung bis in eine tiefere Substanzlage verfolgen. Und auf eine Zusammensetzung derselben aus einer hyalinen, körnchenlosen, festeren Axe und einer körnerreichen Rinde glaube ich *Haeckel's* Angaben (l. c. p. 111 u. 112) deuten zu können. Nach denselben kommen bei verschiedenen Individuen derselben Arten bald hyaline, bald körnerreiche Pseudopodien vor. In letzterem Falle sind viele Verästelungen und Anastomosen an den

Fäden sichtbar, welche bei hyaliner Beschaffenheit der Fadensubstanz fehlen. Die Verschmelzung hängt also auch hier wie bei Actinophrys von der Anwesenheit der körnerreichen Substanz ab. Als Grund dieses Wechsels in der Beschaffenheit der Pseudopodien betrachtet *Haeckel* die verschieden reichliche Nahrungsaufnahme, indem er bei gut genährten Thieren, d. h. solchen welche viele fremde Körper als Nahrung in sich enthielten, stets reichliche Körnchenmasse an den Fäden bemerkte, während solche mit leerem Körper starre hyaline Fäden hatten. Ich finde diese Beobachtungen mit der Annahme nicht unvereinbar, dass auch hier die körnerreiche Substanz sich auf der Oberfläche einer hyalinen Axe ansammle, und dass in diesen Fällen eine ähnliche Differenzirung der Pseudopodiensubstanz obwalte, wie ich bei Actinophrys gefunden habe. Künftige Beobachter werden auf diesen Punkt Rücksicht zu nehmen haben.

Fragen wir ob bei den Polythalamien etwas Aehnliches vorkomme, so glaube ich nach den bisherigen Beobachtungen nur mit einem sehr bedingten Ja antworten zu können. Die einzig bisher bekannte Foraminifere mit ganz hyalinen Pseudopodien ist die bereits erwähnte Gromia Dujardinii *mihi.* An dieser, obgleich ich sie in den verschiedensten Grössen, frisch aus dem Meere und nach langer Gefangenschaft, endlich von drei verschiedenen Fundorten (Ancona, Helgoland, Weymouth) beobachtet habe, ist mir nie eine Spur von Körnchen an den Pseudopodien aufgefallen, auch habe ich keine Differenzen in Betreff der Consistenz der Substanz derselben nach grösserer oder geringerer Neigung zur Anastomosenbildung wahrgenommen. Andrerseits glaube ich, dass der Gromia oviformis eine körnchenlose centrale Axe der ausgestreckten Pseudopodien gewiss nicht zukomme. Denn die äusserst bewegliche Substanz erscheint gleichmässig körnig und zerfliesslich, und derartige Consistenzunterschiede in der Dicke der Pseudopodien, wie sie bei Actinophrys Eichhornii bestehen, sind nicht vorhanden. Wie aber bei denjenigen Foraminiferen, deren Pseudopodien bezüglich ihrer Beweglichkeit zwischen den beiden genannten Extremen stehen? Hierher gehören z. B. die Milioliden. Ich glaube, dass Manches was man an den Pseudopodien derselben beobachtet, für eine gewisse, wenn auch weniger deutlich ausgesprochene Verschiedenheit in der Consistenz von Rinde und Axe spricht, vor Allem das Verhalten der Pseudopodien bei Zusatz gewisser Reagentien. Salzsäure, Essigsäure, Osmiumsäure, Ammoniak im äusserst verdünnten Zustande wirken in ziemlich gleicher Weise auf die ausgestreckten Pseudopodien ein, indem sie eine Contraction, ein Schrumpfen herbeiführen, sodass der Faden an Dicke abnimmt. Dabei tritt dieselbe Erscheinung ein, welche wir an den Fäden der Actinophrys beobachteten, dass sich nämlich ein Theil der Substanz in spindelförmigen Tropfen auf der Oberfläche eines hyalinen, wie es scheint resistenteren, centralen Fadens ansammelt. Die Pseudopodien werden exquisit varikös. Wenn auch die Abgrenzung der beiderlei Substanzen bei Miliola nicht so scharf ist wie bei Actinophrys, so deutet doch das Auftreten der gleichen beschriebenen Veränderung auf eine Verwandtschaft beider im Baue. Wie durch die genannten Reagentien kann dieselbe Erscheinung auch durch schnelle Erwärmung bis 45° C. und durch kräftige Schläge eines Inductionsapparates herbeigeführt werden. Vor dem Einschmelzen und gänzlichen Zerstören durch Wärme oder elektrische Ströme tritt wieder Varikositätenbildung an den Fäden auf, ganz in ähnlicher Weise, wie wir es oben bei Actinophrys erwähnten. Die Wärme wirkt nach meinen Versuchen wie bei Actinophrys erst mit 43° tödtlich auf die Körpersubstanz der Milioliden. Die Pseudopodien schmelzen zwar schon bei 35–38° ein, welche Temperatur ihnen offenbar grosses Unbehagen bereitet und sie zu weiteren Bewegungen unfähig macht. Der Tod des Thieres erfolgt aber erst mit der wirklichen Gerinnung, der Trübung der eiweissartigen Substanzen, nicht bloss in den Pseudopodien, sondern auch im Innern der Schale, und diese Einwirkung tritt erst bei 42–43° C. ein.

Bezüglich des Einflusses der Schläge des Magnetelektromotors auf die ausgestreckten Pseudopodien der Milioliden haben meine Versuche ergeben, 1) dass schwache Ströme gar keinen, stärkere einen solchen Einfluss ausüben, dass die Pseudopodien sich zurückziehen, die stärksten eine sofort zersetzende Wirkung ausüben. Bei der Retraction verhalten sich die Fäden ganz so, wie wenn sie durch andere störende Einwirkungen zur Zusammenziehung gebracht worden, sie heben sich vom Glase, auf dem sie festhafteten, ab, krümmen sich, flottiren frei im Wasser und verkürzen sich, indem sie sich zu unregelmässigen Bündeln und Klumpen vereinen; bei der sofortigen Zersetzung, bei welcher ihnen also keine Zeit zur Retraction bleibt, werden sie varikös, schrumpfen ein und zertheilen sich im umgebenden Wasser; 2) ist hervorzuheben, dass ein specifischer, verlangsamender oder beschleunigender Einfluss auf die Körnchenbewegung durch die elektrischen Schläge nicht erzielt werden kann. Die Körnchenbewegung wird nur insoweit alterirt, als sie mit der Retraction oder Zersetzung der Fäden zusammenhängt.

## III.
# Die Bewegungserscheinungen am Protoplasma der Pflanzenzellen verglichen mit denen an den Pseudopodien der Rhizopoden.

Wir haben oben bereits ausführlich auf die Bedeutung aufmerksam gemacht, welche die Thatsache für uns hat, dass die Bewegungserscheinungen des Protoplasma der Pflanzenzellen denen, welche wir an den Pseudopodien der Rhizopoden beobachten, bis zum Verwechseln ähnlich sehen. Ich habe die Gelegenheit, welche mir der Besitz der äusserst lebenskräftigen Polythalamien von der englischen Küste bot, benutzt, die Bewegungen des Protoplasma der Pflanzenzellen nach erneuten Untersuchungen noch einmal so genau als möglich mit den Bewegungen der Pseudopodien zu vergleichen.

Die Pflanzen und Pflanzentheile, welche ich beobachtete, sind die Staubfadenhaare mehrerer Species Tradescantia, die Blumenblätterhaare von Viola, die Blätterhaare von Cucurbita und von Urtica, die Blattparenchymzellen und die Wurzelhaare von Hydrocharis, und die Blätter von Vallisneria spiralis. Es ist bekannt, dass die Bewegungserscheinungen, welche der Inhalt der Zellen dieser Pflanzen darbietet, grosse Verschiedenheiten zeigen. Man unterschied danach früher eine Rotationsströmung (Chara, Vallisneria) und eine Circulation des Zellsaftes (Tradescantia u. A.). Doch da man erkannte, dass beide Arten von Bewegung an derselben Substanz, nämlich dem Protoplasma der Zellen, ablaufen, während der wässerig flüssige Zelleninhalt keinen Theil an derselben hat, wurde es zweifelhaft, ob eine scharfe Unterscheidung der beiden Bewegungsformen möglich sei[34]. Die Auffindung aller möglichen Uebergänge zwischen beiden Bewegungsarten hat dann jeden Zweifel an der Zusammengehörigkeit beider Erscheinungen beseitigt[35].

Die einfachere Form der Bewegung ist da, wo das Protoplasma nur als gleichmässige Bekleidung der inneren Oberfläche der Cellulosewand vorkommt, wie bei Chara, Nitella, Vallisneria u. A. Bilden sich in diesem wandständigen Protoplasma Unterschiede in der Dicke der Art aus, dass einzelne Theile wie Riffe oder Leisten in die Höhlung der Zelle vorspringen, so entsteht das Verhältniss wie in den Brennhaaren von Urtica. Dieses geht wieder ganz allmählich in die Bildung über, wie sie sehr entwickelt bei Tradescantia, Viola vorkommt, wo zahlreiche Protoplasmafäden, welche mit ihren Enden in dem wandständigen Protoplasma wurzeln, die Zellenhöhle frei durchziehen und oft ein complicirtes Netzwerk bilden, wie es nach *Schacht's* Beobachtungen wohl am schönsten in der Aussackung des Embryosackes von Pedicularis sylvatica gefunden wird, wo das

Protoplasmanetzwerk höchst wahrscheinlich später in ein Cellulosefadennetz übergeht[36].

Das Object, welches den directesten Vergleich mit den Pseudopodien der Polythalamien zulässt, sind die frei durch die Zellenhöhle streichenden Protoplasmafäden in den Tradescantia-, Viola-, Cucurbita- und Hydrocharis-Blattzellen. Wie ich früher für Tradescantia ausführlich beschrieb[37], »gehen von der den Kern umhüllenden Protoplasmaschicht mehrere dickere und dünnere Fäden aus, nach verschiedenen Richtungen die Zelle durchsetzend, auch öfter der Zellenwand dicht anliegend. Sie bestehen deutlich aus einer Grundsubstanz und eingebetteten, stark lichtbrechenden Körnchen. Letztere laufen im Innern oder wie auf der Oberfläche der Fäden hin, entweder nur nach einer Richtung oder, wie nicht selten gesehen werden kann, nach entgegengesetzten Richtungen zugleich an einem und demselben Faden. An den breitesten ist die doppelte Strömungsrichtung fast constant, sie kommt aber auch an den feinsten, kaum noch erkennbaren Fäden vor. Begegnen sich Körnchen, so gehen sie meist ungestört aneinander vorbei, oder es kommt vor, dass die einen die anderen mit zurücknehmen — ein Beweis, dass nicht zwei getrennte Fäden die Ursache der doppelten Stromesrichtung waren. An demselben Faden überholen einzelne in schnellem Laufe andere langsamere, und können dann, wie ich einmal sah, zurücklaufend gemeinschaftlich umkehren. Die Fäden theilen sich öfter gabelig, und ein Körnchen an die Theilungsstelle gelangt, stockt ehe es sich dem einen oder anderen Wege anvertraut. Die Gestalt und Richtung der Fäden ist aber fortwährendem Wechsel unterworfen. Die gablige Theilung z. B. rückt von der Basis des Fadens am Zellenkern dem anderen an der inneren Oberfläche der Zellenwand sich befindenden Ende entgegen. Oder es bildet sich aus der gabligen Theilung eine Brücke zu einem nebenanliegenden Faden, indem der eine Theilast mit diesem verschmilzt. Die Brücke läuft dann abwärts oder aufwärts zwischen beiden Fäden hin, verkürzt sich, indem letztere sich einander nähern, endlich verschmelzen sie vollständig miteinander zu einem einzigen, so dass jetzt ein breiter Strom fliesst, wo vorher einzelne Fäden waren.

An der inneren Oberfläche der Zellenwand befindet sich eine zusammenhängende dünne Protoplasmaschicht. So erscheint es nach der Anwendung von Reagentien, welche dieselbe, (den Primordialschlauch) einschrumpfen machen. Durch Zuckerlösung konnte ich hier dasselbe hervorrufen, was *A. Braun* bei den Characeen gelang. Der Zelleninhalt zog sich scharf begränzt von der Zellhaut zurück, dabei dauerten die Strömungserscheinungen im Innern noch eine Zeit lang fort. Hiebei kann man sich auch überzeugen, dass die in der Rindenschicht des Protoplasma vorkommenden Strömchen und Körnchenschwankungen (denn solche sind hier stellenweise oft allein vorhanden) nicht die äusserste Schicht des

Protoplasma (Hautschicht *Pringsheim*) betreffen, sondern nur eine innere Lage an der Rindenschicht (Körnerschicht *Pringsheim*).«

Wie *E. Haeckel* auf Grund eigener Untersuchungen auf das Nachdrücklichste bestätigt[38], passt diese Beschreibung so vollständig auf die Bewegungen der Pseudopodien der Rhizopoden, dass sie direct auf letztere übertragen werden kann. Zu ihrer Vervollständigung will ich nur noch hinzufügen, dass man an den freien Plasmafäden öfter ausser der Bewegung der kleinen Körnchen auch ein Fortrücken grösserer, spindelförmiger Massen oder seitlicher Auftreibungen bemerkt, welche mit derselben oder etwas geringerer Geschwindigkeit wie die Körnchen fortrücken, gerade so wie es bei den Pseudopodien der Polythalamien vorkommt; ferner dass *Haeckel* beobachtete, wie seitlich aus einem Faden ein neuer hervortritt, um sich bei reichlichem Zufluss schnell zu verlängern, zu verästeln, mit anderen zu verbinden, oder bei geringem Zufluss alsbald wieder zu verschwinden. Etwas dem Entsprechendes sah auch *Heidenhain* bei Hydrocharis und Vallisneria[39]. Auch bedarf der Eingang obiger Beschreibung insofern einer Berichtigung, als durchaus nicht immer das den Kern der Zelle umhüllende Protoplasma der alleinige Ausgangspunkt der Fäden ist, diese vielmehr auch an jeder anderen Stelle des Protoplasma wurzeln können.

Weitere Verwandtschaft der beiden in Rede stehenden Arten von Fäden ergiebt sich aus dem Verhalten zu Reagentien und zum elektrischen Strome. Destillirtes Wasser bringt den Plasmafaden der Pflanzenzelle zum Zerfliessen unter denselben Erscheinungen der Vacuolenbildung, wie oben von den Pseudopodien der Polythalamien beschrieben worden. An der unverletzten Zelle der Tradescantiafäden tritt diese Einwirkung erst nach 12–24 Stunden ein, beim Anschneiden der Zelle ist sie sofort da. Verdünnte Säuren bringen die Fäden unter Sistirung der Körnchenbewegung zum Erstarren, so dass sie oft noch lange in derselben Lage wie zuletzt im Leben verharren und keine andere Veränderung eingehen als etwas blasser werden. Bei kräftigerer Einwirkung tritt eine theilweise Auflösung und Schrumpfung ein. Aehnlich ist die langsame Einwirkung verdünnter Kalilauge. Die Fäden werden durchsichtiger und es hört jede Bewegung in ihnen auf, bis die lösende Einwirkung der Lauge die Protoplasmamassen zerstört. Wie empfindlich das Protoplasma gegen die Einwirkung gewisser Agentien ist, beweist folgender interessante Versuch. Die Staubfadenhaare der Tradescantia virginica enthalten im noch nicht vollkommen entwickelten Zustande, wenn man sie aus einer Blüthenknospe nimmt, in dem feinkörnigen Protoplasma viele kleine Stärkekörner, welche beim Aufblühen vollständig geschwunden sind. Dieselben färben sich mit Iod violettblau. Bringt man zu solchen Staubfadenhaaren, deren Protoplasma in lebhafter Bewegung ist, ein wenig Iod in Iodkaliumlösung, so hört die Bewegung des

Protoplasma auch bei grosser Verdünnung der Lösung sehr schnell auf, viel früher, als die Stärkekörner eine Andeutung der blauen Farbe zeigen oder das Protoplasma und die Zellenwand eine Farbenänderung annehmen. Es steht diese Thatsache in auffallendem Gegensatze zu der obigen, dass Staubfadenhaare, welche gewohnt sind nur mit Luft in Berührung zu sein, bis 24 Stunden in Wasser liegen können, ohne dass letzteres durch die Zellenwand hindurch die Integrität des Protoplasma stört, was sich, wenn es endlich eintritt, durch veränderte Anordnung des Protoplasma und Aufhören der Bewegung zu erkennen giebt.

*Unger*[40] berichtet, dass eine schwache Zucker- oder Gummilösung, und noch mehr Milch den Strom der Vallisneria spiralis sehr beschleunige. Ich habe bei wiederholten Versuchen nichts von dieser Beschleunigung wahrnehmen können, vorausgesetzt natürlich, dass die Lösungen keine höhere Temperatur als das Präparat vor dem Zusatze derselben hatten. Auch die deletären Wirkungen des Kalkwassers kann ich nicht bestätigen, denn an in Kalkwasser gelegten Schnitten von Vallisneria beobachtete ich noch nach 24 Stunden ebenso schnelle Bewegungen, wie wenn destillirtes Wasser angewandt worden war.

Was ich oben von der Einwirkung der Inductionsströme auf die Körnchenbewegung der Pseudopodien der Polythalamien gesagt habe, gilt auch für die Protoplasmafäden der Tradescantia. Ich habe in vielen Versuchen mit dem Schlittenapparat keinerlei anderen Einfluss der Elektricität auf die Körnchenbewegung wahrnehmen können, als dass, nachdem schwache Ströme ohne allen Einfluss blieben, stärkere sie verlangsamen und ziemlich schnell aufhören machen. Dabei bleiben wieder die Fäden entweder noch lange in ihrer natürlichen Lage, oder gehen schnell unter, indem sie sich in eine Molekularbewegung zeigende Masse zusammenziehen und auflösen. Es ist, soweit sich nach der Stellung der Inductionsrollen beurtheilen lässt, ziemlich genau dieselbe Stromstärke, bei welcher die Körnchenbewegung in den Pseudopodien und in den Pflanzenzellen aufhört. Sehr gewöhnlich beobachtet man bei solchen Versuchen, auch wenn die Elektroden mit sehr breiten Enden in dem Wassertropfen auslaufen (breiten Staniolstreifen oder Spiegelglasbelegung), dass nicht alle Theile des Präparates gleichmässig von der Einwirkung der elektrischen Schläge getroffen werden. Dabei fiel mir auf, dass die in der Längsrichtung durchströmten Haarzellen viel schneller absterben als diejenigen, deren Längsaxe rechtwinklig gegen die Verbindungslinie der beiden Elektroden liegt. *Jürgensen*, welcher sehr genaue Experimente über die Einwirkung des elektrischen Stromes auf die Bewegung des Protoplasma in den Blattzellen von Vallisneria spiralis anstellte[41], beobachtete etwas Analoges.

Hat die Körnchenbewegung unter dem Einfluss stärkerer Inductionsschläge aufgehört, so sah ich dieselbe nicht wieder in Gang kommen, was auch mit *Jürgensen's* Erfahrungen an Vallisneria übereinstimmt, welche sich auf genaue Messungen am Mikrometer gründen. *Heidenhain*, welcher wie ich an Tradescantien arbeitete, giebt an, dass auch nach dem Aufhören der Bewegung, in Folge der Einwirkung von Inductionsströmen, dieselbe wieder in vollen Gang kommen könne, wenn die Ströme nicht zu stark und ihre Einwirkungsdauer nicht zu lange gewesen[42].

Der Einfluss, welchen der elektrische Strom auf die Körnchenbewegung ausübt, beschränkt sich auf eine Verlangsamung, welche der beginnenden Zersetzung vorausgeht. Von diesem Einfluss ist zu unterscheiden, dass auch Veränderungen in der Anordnung der Protoplasmamassen, Gestaltveränderungen der Fäden und dergl. in Folge der Einwirkung des elektrischen Stromes auftreten können. Der erste, welcher dergleichen beobachtete, ist *Brücke*[43], er schreibt von dem Protoplasma der Brennhaare von Urtica: »Um die Wirkung der electrischen Ströme in ihren einzelnen Stadien zu verfolgen, thut man am besten, den Kreis anfangs nur für eine oder einige Secunden zu schliessen, so dass das Haar eine kurze Reihe von Schlägen erhält. Die erste Veränderung, die man dann wahrnimmt, besteht in der Regel in dem Erscheinen einer grösseren oder geringeren Menge von Fäden, welche vom Zellenleibe aus in die Intracellularflüssigkeit hineinragen. Ich habe sie nicht immer, aber doch bei weitem in der Mehrzahl der Fälle gesehen, und da sie von wechselnder Dicke, oft äusserst dünn sind, so mögen sie sich doch wohl das eine oder das andere Mal der Beobachtung entzogen haben. Manchmal sieht man sie wie Raketen aus dem Zellenleibe hervorschiessen, sobald man den Kreis des Magnetelectromotors schliesst. Sie haben oft eine beträchtliche Länge; ich habe deren solche beobachtet, die im gestreckten Zustande bis zur Axe in das Innere des Haares hineinragten. An ihrem Ende tragen sie eine grössere oder kleinere Anschwellung, und man sieht sie in einer fortwährenden, bald schwächeren, bald stärkeren zitternden oder schlängelnden Bewegung begriffen. Bisweilen sieht man neben den Fäden auch stärkere kolben- oder keulenartige Gebilde hervortreten.«

Ich habe die beschriebene Erscheinung bei einer gewissen Stärke des Stromes wiederholt eintreten sehen. Man thut am besten an einem Theil des wandständigen Protoplasma die Grenze gegen die Intracellularflüssigkeit genau einzustellen, und dann den Strom, wie *Brücke* räth, nur kurze Zeit einwirken zu lassen. Derselbe muss aber schon recht kräftig sein, wenn man eine Wirkung beobachten will. Die vorher glatte Grenzlinie des Protoplasma wird höckerig, zapfen- und fadenförmige Vorsprünge kommen an derselben zum Vorschein, von denen die feineren die von *Brücke* angegebenen Bewegungen ausführen, und endlich, wenn kein neuer deletärer Strom durch das Protoplasma geleitet wird, wieder langsam in das Protoplasma zurückgezogen werden, von welchem sie ausgingen. Ein plötzliches Auftreten dieser fadenförmigen Fortsätze habe ich nicht gesehen. Die zu diesen Versuchen nöthige Stärke des Stromes muss ziemlich nahe derjenigen liegen, welche das Protoplasma tödtet, doch ist unsere Erscheinung durchaus kein Zeichen des bereits eingetretenen Todes, denn die Körnchenbewegung erhält sich und dauert nachher ungestört fort.

Bei Tradescantia konnte ich ähnliche Bewegungen nicht hervorrufen, die Anordnung des Protoplasma in den Zellen ist hier auch für das Zustandekommen solcher Erscheinungen weniger günstig. Die freien Fäden sind zu dünn, um viele neue Fortsätze treiben zu können, und die Menge des wandständigen Protoplasma ist sehr gering. Dagegen beobachtete ich hier etwas, dessen auch *Heidenhain*[44] Erwähnung thut, und was für eine Vergleichung der Protoplasmafäden der Pflanzenzellen mit den Pseudopodien der Rhizopoden von Wichtigkeit ist — die Fäden werden unter dem Einfluss eines stärkeren elektrischen Stromes deutlich varikös. Die Erscheinung sieht aus, als wenn sich eine flüssigere Masse auf der Oberfläche des Fadens in einzelnen Tropfen ansammle, gerade so wie ich es von den Pseudopodien von Actinophrys und den Polythalamien beschrieben habe.

Wir werden sehen, dass ganz ähnliche Erscheinungen, wie durch Anwendung stärkerer elektrischer Schläge, an den Protoplasmafäden verschiedener Pflanzenzellen auch durch Anwendung höherer Temperaturgrade erzielt werden können. Die erste Folge einer allmählichen Erwärmung ist eine oft sehr bedeutende Beschleunigung der Körnchenbewegung. *Dutrochet*[45] bestimmte bei Chara den Einfluss höherer Temperaturgrade auf die sogenannte Rotation genauer, und fand, dass eine Erwärmung der in schmelzendem Schnee abgekühlten Pflanze, in welcher die Bewegung sehr langsam von Statten ging, auf 18° C. diese letztere ausserordentlich beschleunigte. Erwärmung von 27–40° brachte zuerst eine Verlangsamung der Bewegung hervor, nach längerem Verweilen in dem warmen Wasser wurde die Bewegung jedoch immer sehr schnell. Wasser von 45° C. tödtete die Pflanze sofort. Für Vallisneria ist es seit längerer Zeit bekannt, dass eine Erwärmung des Wassers beschleunigend auf die Bewegung wirkt. *Jürgensen*[46] gab für diese Pflanze die äusserste Grenze, bei welcher sich die Bewegung noch erhält, auf 36–40° an, d. h. bei 36° beobachtete er noch kräftige Bewegung, bei 40° keine mehr. Die Beobachtung des erregenden Einflusses der Erwärmung bei Vallisneria ist sehr leicht und sicher. Wendet man frisch angefertigte Schnitte an, in welchen gewöhnlich die Bewegung nur äusserst langsam vor sich geht, so sieht man sie bei der Erwärmung sofort in den meisten Zellen auf das lebhafteste in Gang kommen. Nicht so auffallend sind die Veränderungen, welche bei Urtica und Tradescantia eintreten. Bei diesen Pflanzen maass ich die Schnelligkeit der Körnchenbewegung bei gewöhnlicher Zimmertemperatur, erwärmte dann den Objectträger ohne ihn zu verrücken durch Einschiebung einer über der Lampe erhitzten Cylinderblendung von unten in den Objecttisch auf 30–40° C., und maass an derselben Zelle wie vorhin die Schnelligkeit der Bewegung von Neuem. So erhielt ich für Urtica bei gewöhnlicher Temperatur für die Secunde 0,004–0,005 Millimeter, bei Erwärmung bis cc. 35° 0,009 Mm. Bei Tradescantia virginica maass ich die Bewegung bei gewöhnlicher Temperatur 0,004–0,005 Mm. in der Secunde, erwärmt 0,008, einzelne Körnchen 0,010 Mm.

Noch schneller sind die Bewegungen bei Vallisneria spiralis, bei der ich nach mässiger Erwärmung die Chlorophyllkügelchen in einer Secunde einen Raum von 0,015 Mm. zurücklegen sah.

Meine bei gewöhnlicher Zimmertemperatur angestellten Messungen stimmen ziemlich genau überein mit den von *H. v. Mohl*[47] gemachten Angaben, welcher bei Tradescantia 1⁄500‴ d. i. = 0,0045 Mm., bei Urtica 1⁄750‴ d. i. = 0,003 Mm. für die Secunde angiebt. Die Erwärmung kann also hier die Bewegung bis auf mehr als das Doppelte beschleunigen. Das höchste Maass, welches ich erreichte, war bei Vallisneria, nämlich 0,015 Mm. in der Secunde.

Es musste von Wichtigkeit sein, die Schnelligkeit, welche die Körnchenbewegung an den Pseudopodien der Polythalamien erreicht, im Vergleich zu obigen Messungen zu bestimmen. Die Milioliden, welche mir zu Gebote standen, ergaben eine Schnelligkeit von 0,007–0,015 Mm. in der Secunde und zwar bei gewöhnlicher Temperatur. Erwärmung brachte kaum eine Beschleunigung der Bewegung hervor, das höchste, was ich an einzelnen Körnchen beobachtete, war 0,02 Mm., was aber auch wohl in einzelnen Fällen bei gewöhnlicher Temperatur vorkommen dürfte. Wir hätten hiernach also zu constatiren, dass die Geschwindigkeit der Körnchenbewegung an den Pseudopodien der Milioliden übereinstimmt mit der höchsten an dem Protoplasma der Pflanzenzellen beobachteten. Bei letzteren wurde diese Geschwindigkeit nur durch Erwärmung über die gewöhnliche Zimmertemperatur erzielt, bei den Milioliden bestand sie unter den normalen Verhältnissen und ward durch Temperaturerhöhung nicht wesentlich beschleunigt[48].

Zu genauer Bestimmung derjenigen höheren Temperaturgrade, bei welchen sich Veränderungen tief greifender Art im Protoplasma einstellen, bediente ich mich nach einer Anzahl Vorversuche wie oben des Wasserbades, in welches die mikroskopischen Präparate mit an den Ecken aufgekittetem Deckgläschen oder die ganzen Pflanzentheile eingetaucht wurden. Zwei bis drei Minuten können gewiss als hinlänglich lange Zeit gelten, um den sehr dünnen Präparaten die Temperatur des umgebenden

Wassers vollständig mitzutheilen. Die Pflanzen, mit denen ich operirte, waren Tradescantia virginica, Urtica urens und Vallisneria spiralis. Für alle drei stellte sich gleichmässig heraus, dass die Temperatur, welche absolut tödtlich wirkt, erst bei 47–48° C. anfängt. Bei 46° habe ich immer noch einige Zellen unverändert gefunden, bei 45° viele und bei 44°, wie wenigstens bei Vallisneria und Tradescantia schien, alle. Die Urticahaare sind vielleicht ein wenig empfindlicher, wenigstens erschien die Bewegung hier schon bei 44° oft fast vollkommen sistirt, ohne dass aber der Tod der Zelle eingetreten war. Die Bewegung verlangsamt sich in allen Fällen von 38–40° an, kehrt aber, wenn die Temperatur nicht über 43° stieg, bei der Abkühlung meist bald zu der ursprünglichen Schnelligkeit zurück.

Bei schneller Erwärmung auf 40° und darüber sah ich bei Urtica oft dieselben merkwürdigen Veränderungen des Protoplasma eintreten, wie sie *Brücke* durch starke Schläge des Magnetelektromotors erzeugte. Der glatte Contour, welchen das wandständige Protoplasma gegen die Intracellularflüssigkeit besitzt, verändert sich durch Hervortreibung von kugligen, keulenförmigen und fadenartigen Fortsätzen, deren feinste oft eine schlängelnde oder wie tastende Bewegung zeigen. Bei der Abkühlung verschwinden sie allmählich wieder, doch pflegt die Bewegung der Körnchen nicht immer zu der ursprünglichen Schnelligkeit zurückzukehren. Wird die Erwärmung plötzlich auf 45° und darüber getrieben, so treten oft die bereits oben erwähnten Varikositäten an den freien Protoplasmafäden auf, wie sich besonders deutlich bei Tradescantia beobachten lässt. In anderen Fällen erstarren die Fäden in der Lage, die sie einnahmen und verharren noch lange in derselben, bis sie der allmählich um sich greifenden Auflösung des Plasma anheimfallen.

Es folgt aus diesen Versuchen 1) dass die Wärme ein mächtiges Reizmittel für die Protoplasmabewegungen ist und 2) dass das Protoplasma der Pflanzenzellen bei ungefähr 45° C. abstirbt. Die Bewegung erlischt, worauf eine Veränderung in dem Aussehen der Masse eintritt, welche genau derjenigen gleicht, wie sie die contractile Substanz der Pseudopodien und des Körpers der Rhizopoden unter dem Einfluss eines etwas niedrigeren, 43° C. betragenden Temperaturgrades eingeht.

*Heidenhain* muss die Beobachtungen von *Dutrochet* und *Jürgensen* über den Einfluss der Temperatur auf die Bewegungen des Protoplasma übersehen haben, sonst hätte er nicht schreiben können (l. c. p. 65): »Ich habe bisher noch keine Reize für die im Innern der Zellen vor sich gehenden Bewegungen entdecken können d. h. keine derartigen Einwirkungen, welche das ruhende Protoplasma in Bewegung zu versetzen oder das langsam bewegte zur Beschleunigung anzutreiben vermöchten.« Ein solches und sehr ausgezeichnetes Reizmittel ist also die Wärme.

Ich kann von den Temperaturbeobachtungen nicht scheiden, ohne an die Beziehungen derselben zu dem Vorkommen lebender thierischer und pflanzlicher Organismen in heissen Quellen zu erinnern, und die überraschenden Differenzen anzugeben, welche sich bei der Vergleichung herausstellen. Nach meinen Beobachtungen stirbt das Protoplasma der untersuchten Pflanzenzellen unter Gerinnungserscheinungen bei 47–48° C. unfehlbar ab. Thierisches Leben erhält sich in Wasser von 45° nur noch sehr spärlich, einzelne Brachionus und Cypris-Arten überdauerten diesen Temperaturgrad, Anguillulinen, Turbellarien, Naiden sterben schon bei 44½° meist ab, Rhizopoden ertragen einzeln 42–43°, Vorticellen sterben bei 41–42° C. Die Wärmestarre der Muskeln von Wirbelthieren tritt nach *Kühne's* angeführten Untersuchungen bei 40–50°, verschieden nach dem Grade der Starre und nach der Thierclasse, auf. Wir sind berechtigt hiernach vorauszusetzen, dass thierisches und pflanzliches Leben über ca. 45° C. sich dauernd nicht erhalten werde. Diese Voraussetzung bestätigt sich angesichts kürzlich von *Ehrenberg* mitgetheilter Beobachtungen nicht. *Ehrenberg*[49] fand auf Ischia in heissen Quellen Filze von grünen und braunen organischen Massen, welche aus lebenden Eunotien und grünen Oscillarien bestanden. Beim Ausdrücken derselben kamen 4 Arten Räderthiere, Infusorien der Gattungen Nassula, Enchelys und Amphileptus zum Vorschein. Das Thermometer in diese heissen Filze eingesenkt, zeigte 65–68° R., d. i. 81–85° C.! Bezüglich anderer heisser Quellen stehen mir keine mit wünschenswerther Genauigkeit angestellte Beobachtungen über die Temperatur der wirklich lebende Organismen enthaltenden Stellen zu Gebote. Mit der grössten Spannung müssen wir der Lösung der hier schwebenden Frage entgegensehen.

Wenn wir die Körnchenbewegung der Pseudopodien der Rhizopoden als Ausfluss der Contractilität ihrer Substanz betrachten, wogegen solange nichts zu erinnern sein wird, als nicht ein anderer Grund für diese Bewegung nachgewiesen ist, so können wir folgerichtig auch nicht anstehen, als Ursache der Körnchenbewegung am Protoplasma der Pflanzenzellen Contractilität anzusehen. Wenn je, so haben wir hier einen Grund, aus gleicher Wirkung auf die gleiche Ursache zu schliessen. Wenn es sich aber um noch andere Beweise für die Contractilität des Protoplasma handelt, so verweise ich zunächst zurück auf die Angaben *Brücke's* bezüglich des Verhaltens der Brennhaare von Urtica gegenüber den Schlägen des Magnetelektromotors, welche ich bestätigen konnte, und auf meine Angaben über den Einfluss höherer Temperaturgrade. Ferner verdienen hier Beachtungen *Heidenhain's* (l. c. p. 56) Erwähnung über schnelle, zuckende Contractionen an den Protoplasmafäden von Hydrocharisblattzellen. Es treten nach *Heidenhain* an den die Intracellularflüssigkeit durchsetzenden Plasmafäden, welche oft in einem centralen Plasmaklümpchen zusammenstossen, ruckweise Bewegungen auf, welche damit zu enden pflegen, dass einer der Fäden die

Oberhand über die anderen gewinnt und sich verkürzend das Plasmaklümpchen zu sich und zu dem wandständigen Protoplasma hinzieht, in welchem er wurzelt. Weiter verweise ich auch auf die oben angeführten Beobachtungen *E. Haeckel's* bei Tradescantia[50], nach welchen ein Hervortreten und Zurückziehen neuer Fäden aus den vorhandenen ganz in der Art vorkommt, wie bei den Pseudopodien der Rhizopoden, eine Erscheinung, welche nur Theilerscheinung aller der complicirten und stets wechselnden Veränderungen in der Anordnung der Protoplasmamassen ist, welche die Bewegungen letzterer, namentlich bei Tradescantia, so vollkommen derjenigen gleich erscheinen lassen, welche die Pseudopodien der Polythalamien darbieten.

Die vorstehenden Untersuchungen haben, denke ich, zur Genüge bewiesen, wie viel Recht ich hatte, die Protoplasmabewegungen in den Pflanzenzellen mit den Bewegungen der Pseudopodien der Polythalamien zusammenzustellen und aus der Gleichheit der Erscheinung auf eine tiefe innere Verwandtschaft der hier in Vergleich stehenden Substanzen zu schliessen. Ich überlasse es nun *Reichert*, welcher, ohne Gründe anzuführen, gegen den Vergleich protestirt, nicht einmal den Beweis geliefert hat, dass er die Körnchenbewegung in den Protoplasmafäden der Pflanzenzellen jemals mit Aufmerksamkeit beobachtete, die von ihm gefundenen Unterschiede zwischen beiden Substanzen scharf ins Licht zu stellen, damit wir das für und das wider abzuwägen vermögen.

Ich habe wiederholt der Arbeit *Brücke's* über die Protoplasmabewegungen in den Haaren der Brennnessel gedacht. Wir können von dem Gegenstande nicht scheiden, ohne einer Ansicht Erwähnung zu thun, welche *Brücke* über das Wesen der Körnchenbewegung im Protoplasma dieser Zellen aufgestellt hat. Wenn auch zunächst nur für Urtica Gültigkeit beanspruchend, muss dieselbe doch bei der nachgewiesenen Uebereinstimmung der Grunderscheinung in allen hier besprochenen Beispielen einer Verallgemeinerung fähig und für uns also von höchstem Interesse sein.

Die Schwierigkeit, die Körnchenbewegung mit den Bewegungen anderer contractiler Substanzen in Einklang zu bringen, ist nach dem Voranstehenden offenbar sehr gross. Die Körnchenbewegung ist mit einer unzweifelhaften Ortsbewegung nicht nur der Körnchen, sondern auch deren unmittelbarer Umgebung verbunden, denn nur so erklärt es sich, wie die Substanz der Pseudopodien an Stellen gelangt, wo sie vorher nicht war, wie die complicirten Veränderungen in der Anordnung der Protoplasmamassen zu Stande kommen. Das hat *Brücke* denn auch für die Bewegungen in den Haaren der Nessel sofort anerkannt.

*Brücke* unterscheidet aber zweierlei Bewegungen an dem Protoplasma der Nesselhaare[51]: 1) »eine langsame, ziehende oder kriechende, von welcher die Veränderungen in der Anordnung der Protoplasmamassen abhängen« und 2) eine »schnellere, fliessende, welche man an der Bewegung der zahlreichen Körnchen wahrnimmt«. Beide sollen wesentlich verschieden sein. Während erstere direct aus Contractionsbewegungen des Protoplasma abzuleiten sei, soll letztere ihren Sitz in einer vom contractilen Plasma umschlossenen körnerreichen Flüssigkeit haben. Nicht das Protoplasma selbst befände sich in einer solchen Bewegung, wie die Körnchen anzeigen, sondern eine von dem Protoplasma verschiedene, in dessen Inneren enthaltene, körnerreiche Flüssigkeit werde von einer contractilen Rinde fortbewegt, etwa, wie sich *Heidenhain*[52] später im Anschluss an und zur Erläuterung der *Brücke*'schen Ansicht ausdrückte, wie der Darminhalt bei den peristaltischen Bewegungen, welche wellenförmig über die Oberfläche der contractilen Darmwand ablaufen.

*Brücke* drückt sich weiter über die Bewegungen des Protoplasma in den Haaren von Urtica wie folgt aus: »Es wird gewöhnlich so dargestellt, als ob sich die ganze Protoplasmamasse in einer fliessenden Bewegung befände, und die Körnchen nur passiv mitgeschleppt würden; ich muss dies aber mit Rücksicht auf mein Object entschieden in Abrede stellen.« Und weiter: »Dass dies in der That nicht der Fall, behaupte ich aus folgenden Gründen: Erstens sieht man, und zwar oft in ganz schmalen Bahnen (den sogenannten Strömchen) Kügelchen in entgegengesetzter Richtung fliessen und sich vibrirend umeinander herumbewegen, wie es ganz unmöglich wäre, wenn man es hier, wie es gewöhnlich angegeben wird, mit dem Fliessen einer zähen Flüssigkeit zu thun hätte; zweitens kann man die Bewegungen des Protoplasmas ganz deutlich von denen der Körnchen unterscheiden. Es ist zu dem Zwecke am besten, den Basaltheil der Zelle in geringer Entfernung von der Zellengruppe, in die derselbe eingepflanzt ist, bei starker Vergrösserung (*Hartnack* syst. à immersion No. 10, Ocul. 3) so einzustellen, dass die Mittelebene im deutlichen Sehen ist und somit der Durchschnitt der Protoplasmamasse zur Anschauung kommt. Man kann dann bei anhaltender Beobachtung oft ganz deutlich sehen, wie dieselbe wulstartige Hervorragungen gegen das Innere treibt, die eine Zeit lang stehen, ihre Gestalt verändern und endlich wieder verschwinden. Unabhängig geht daneben die Bewegung der Körnchen fort. Das sogenannte Protoplasma erscheint hiernach als der contractile Zellenleib, der an der Basis eine, vermöge seiner leisten- und wulstartigen Vorsprünge, unregelmässige Höhle einschliesst und von einer Flüssigkeit durchströmt wird, welche zahlreiche kleine Körnchen enthält. Diese Flüssigkeit mit dem Blute des Thierleibes zu vergleichen, liegt nahe genug; eine solche Analogie aber ist werthlos, so lange wir nicht mehr als jetzt über den Bau und den Haushalt des Zellenleibes wissen«. *Brücke* wiederholt später[53] diese Annahme zweier in Consistenz verschiedener Bestandtheile des Protoplasma in den Brennhaaren von Urtica: »Wenn man bei starker Vergrösserung das Mikroskop so einstellt, dass die Mittelebene des Haares sich im deutlichen Sehen befindet, so unterscheidet man am leichtesten die eigenen Bewegungen des Zellenleibes von denen der körnerreichen Flüssigkeit, welche in ihm strömt. Man sieht dann seinen optischen Längsschnitt, und einerseits die Körnchen, die sich in ihm fortbewegen, andrerseits die Wülste, die er gegen die Intracellularflüssigkeit austreibt, man sieht, wie sie wachsen, wie sie ihren Ort verändern und wie sie wieder vergehen.

»Man wird sich durch das Fortrücken des Wulstes nicht täuschen lassen, zu glauben, dass das sogenannte Protoplasma fliesse; denn man weiss, dass eine Contractionswelle der Länge nach über eine ganze Muskelfaser abläuft und schliesslich alle Theile derselben doch wieder am alten Orte sind. Selbst wenn ein singulär gebildeter Theil des Zellenleibes durch das ganze Sehfeld fortrückt, darf man sich dadurch nicht verführen lassen, in den alten Irrthum zurückzufallen. Ich habe solche Theile verfolgt und gefunden, dass sie endlich stille stehen und dann langsam wieder gegen ihren früheren Ort hin zurückkehren. Die Bewegung war kein Fliessen, sie war eine Folge der Contractilität.

»Ich kann nicht sagen, ob diese Contractionen die einzige Ursache der Bewegung der körnerreichen Flüssigkeit im Zellenleibe sind, aber dass sie auf dieselbe einen wesentlichen Einfluss üben müssen, versteht sich wohl von selbst.«

Hiernach ist also unzweifelhaft *Brücke's* Meinung die, das contractile Protoplasma sei es nicht, in welchem die Körnchen sich befinden, dieses bilde vielmehr nur eine Rinde um eine die Körnchen enthaltende Flüssigkeit. Durch wellenartig fortschreitende Contractionen der Rinde werde die Flüssigkeit im Innern bewegt und so entstehe die Körnchenströmung. Daneben bestehe dann noch als besondere Art der Bewegung die »langsame, ziehende oder kriechende«, auf welcher die Veränderungen in der Anordnung der Protoplasmamassen beruhen.

Fragen wir uns zunächst, auf welche Gründe hin *Brücke* die Differenzirung im Protoplasma annimmt, nach welcher die körnchenhaltige Flüssigkeit zum Protoplasma sich wie das Blut zum Thierleibe verhalte, so wird es uns bei der Kürze dessen, was der genannte Forscher über die Protoplasmabewegungen in Pflanzenzellen sagt, schwer, einen triftigen Grund für die von ihm vorgetragene Ansicht zu finden. Offenbar war es die verhältnissmässig schnelle Bewegung der Körnchen, welche ihn zur Annahme einer besonderen, neben der organisirten Materie noch vorhandenen Flüssigkeit veranlasste. *Brücke* scheint Anstand genommen zu haben, eine contractile Substanz von solchem Aggregatzustande zu denken, dass in ihr das Phänomen der Körnchenbewegung zu Stande kommen könne. Daher musste das Bewegende ausserhalb der die Körnchenbewegung zeigenden Substanz gelegt werden.

Mit diesem Gedankengange würde ich mich nicht einverstanden erklären können, da wir Contractilität zweifellos an Substanzen geknüpft sehen, die in ihrer Consistenz von der des Protoplasma schwerlich irgend erheblich abweichen. *Brücke's* Arbeiten über die quergestreifte Muskelfaser haben die ausserordentliche Beweglichkeit der contractilen Substanz dargethan, und *Kühne*[54] hat namentlich durch seine Beobachtung einer lebenden Nematode in einer lebenden Muskelfaser, welche in der contractilen Substanz sich so ungehindert bewegte, wie in einer Flüssigkeit, den Beweis geliefert, dass der Aggregatzustand der Muskelsubstanz im Leben von dem einer Flüssigkeit nicht weit abweichen kann. Warum soll also das Zustandekommen der Körnchenbewegung von einer neben der contractilen Substanz vorhandenen Flüssigkeit abhängen?

Es kann keinem Zweifel unterliegen, dass auf die von *Brücke* statuirte Weise etwas der Körnchenbewegung Aehnliches zu Stande kommen müsse, aber ich halte es für sehr zweifelhaft, dass alle Formen, in welchen die Körnchenbewegung in die Erscheinung tritt, sich durch die *Brücke*'sche Annahme erklären lassen. Ich hebe noch einmal hervor, dass, obgleich *Brücke* nur von dem Protoplasma der Nesselhaare spricht, ich meine Gegengründe aus den Beobachtungen einer ganzen Reihe von Pflanzen und zahlreicher Rhizopoden entnehme, bei welchen allen die Körnchenbewegung so sehr mit der bei Urtica zu beobachtenden übereinstimmt, dass ich das für letztere Gültige ohne Weiteres auf die anderen Beispiele zu übertragen für nothwendig halten würde. Gegen die *Brücke*'sche Annahme spricht aber 1) dass die Körnchen sehr häufig und sogar gewöhnlich sich nur in der oberflächlichsten Schichte des Protoplasma bewegen, und dass die Axe des Protoplasmafadens öfter nachweisbar fester, dichter ist als die Oberfläche. Eine hyaline Rinde als Bedeckung ganz oberflächlich hinlaufender Körnchen ist nicht wahrzunehmen. Wollte man dieselbe dennoch als vorhanden annehmen, so würde sie, da die Körnchen mit dem grössten Theile ihrer Oberfläche deutlich wie aus der Grundsubstanz frei hervorragen, doch nur verschwindend dünn sein. Stellt nun aber, wie aus der *Brücke*'schen Annahme folgt, diese Rinde das allein Contractile dar, so würden wir zu dem Schluss gedrängt werden, dass nur ein verschwindend kleiner Theil des Protoplasma contractil sei, der weitaus grösste eine nicht organisirte, körnchenhaltige Flüssigkeit darstelle. 2) Bei der Aufnahme fremder Körper, welche sich der Körnchenbewegung anschliessen, hätte man anzunehmen, dass auch diese in die im Innern des Plasma circulirende Flüssigkeit gelangen, und eine vollständige Rinde von contractiler Substanz erhalten, ehe sie sich in Bewegung setzen können. Die Beobachtungen an grösseren

Carminkörnerklumpen und Stärkemehlkörnern, sofern sie sich, einmal in Berührung mit dem Faden gelangt, fast augenblicklich in Bewegung setzen, sprechen gegen diese Annahme. 3) Der von *Brücke* für Urtica aufgestellte Unterschied einer »langsamen, kriechenden« und einer »schnelleren fliessenden« Bewegung im Protoplasma ist nicht durchzuführen. Es ist zwar richtig, was *Brücke* sagt, dass man die Bewegungen grösserer Protoplasmamassen von der Körnchenbewegung unterscheiden könne, und *Joh. Müller* führte etwas Aehnliches zuerst von den Pseudopodien der Radiolarien an. Aber es ist auch leicht zu beobachten, dass die »ziehende oder kriechende« Bewegung grösserer Protoplasmamassen mit sehr verschiedener Schnelligkeit abläuft und bei geringer Grösse der Protoplasmamassen mit der Körnchenbewegung an Schnelligkeit übereinstimmt, und es ist weiter von *Brücke* nicht bewiesen, dass die Körnchenbewegung nicht auch zur allmählichen Gestaltveränderung der Protoplasmafäden beitrage. Mir scheint das letztere unverkennbar. Denn die Bewegung grösserer Massen ist z. B. bei Tradescantia viel zu selten, als dass dadurch die stets neuen Veränderungen in der Configuration des Fadennetzes sich erklären liessen. Nimmt man dagegen die Körnchenbewegung ebenfalls als Ausdruck einer Massen-Bewegung des Protoplasma, so ist Alles einfach. Dann unterscheiden sich die beiden von *Brücke* bezeichneten Arten der Bewegung nur in der Menge des Bewegten und in der Schnelligkeit, der Art dass, je kleiner die fortzuschaffende Masse ist, desto grösser die Geschwindigkeit. Wo man, wie bei den Pseudopodien der Polythalamien fremde Körper von sehr verschiedener Grösse der Körnchenbewegung sich anschliessen sieht, ist es ganz constant, dass die kleinsten (z. B. Carmin-) Körnchen mit viel grösserer Geschwindigkeit fortgeführt werden als grössere. Auch für die im Protoplasma der Pflanzenzellen enthaltenen Körnchen lässt sich das Gleiche beobachten, z. B. sehr deutlich bei den Zellen solcher Staubfadenhaare von Tradescantia virginica und discolor, welche man aus dem Aufbrechen nahen Knospen entnahm. In solchen enthält das Protoplasma, wie bereits oben angeführt wurde, neben den gewöhnlichen kleinen Körnchen etwas grössere, welche sich durch Iod blau färben, also wohl Stärkekörner sind. Hier ist die Schnelligkeit der Bewegung umgekehrt proportional der Grösse. Für Vallisneria spiralis führt *Jürgensen* etwas Aehnliches an, indem er sagt, dass von zwei im Laufe sich überholenden Chlorophyllkörnern das schnellere stets das kleinere sei (l. c. 94), doch kommt hier möglicher Weise noch ein anderes Moment ins Spiel, die geringere oder grössere Entfernung von der Zellenwand, welches sich auch bei Chara geltend zu machen scheint und seinen Grund in der verschiedenen nach der Zellwand zu wachsenden Dichtigkeit des Protoplasma haben dürfte.

Ich glaube hiernach, dass wir vollkommen berechtigt sind, zunächst die bisher geltende Ansicht, dass die Körnchenbewegung in der Substanz des contractilen Protoplasma selbst ihren Sitz habe, aufrecht zu halten. Wie

*Brücke* ist auch *Heidenhain* der Beweis für den von ihm mit folgenden Worten aufgestellten Satz: »Im Innern des geformten Protoplasmas strömt eine körnerreiche Flüssigkeit (*Brücke*), welche wahrscheinlich durch die Contractionen des Protoplasmas in Bewegung versetzt wird« (l. c. p. 67) schuldig geblieben.

Wir kommen zu dem zweiten Theil der *Brücke*'schen Ansicht über die Protoplasmabewegungen, inwiefern nämlich die Niveauveränderungen des Protoplasma gegen die Intracellularflüssigkeit als über die Oberfläche hinziehende Contractionswellen zu deuten seien: »Man wird sich durch das Fortrücken des Wulstes nicht täuschen lassen, zu glauben, dass das sogenannte Protoplasma fliesse: denn man weiss, dass eine Contractionswelle der Länge nach über eine ganze Muskelfaser abläuft und schliesslich alle Theile derselben doch wieder am alten Orte sind.« Es könnte hiernach scheinen, als wenn *Brücke* die Bewegungen des Protoplasma, auf welchen die proteischen Veränderungen in der Anordnung desselben beruhen, ganz übersehen habe. Dem ist jedoch nicht so. In seinem ersten Aufsatze (l. c. p. 404) sagt er, wie bereits wiederholt angeführt worden, es giebt zwei Arten von Bewegungen im Protoplasma »eine langsame, ziehende oder kriechende, von dieser hängen die Veränderungen in der Anordnung der Protoplasmamassen ab; ferner eine zweite schnellere, fliessende etc.« Wenn nun auch *Brücke* nicht angiebt, woran er die »ziehende oder kriechende« Bewegung des Protoplasma, welche er auch eine langsam fliessende hätte nennen können, von der reinen Wellenbewegung der Oberfläche unterscheidet, so hat *Heidenhain* doch *Brücke* missverstanden, wenn er ihn der Ansicht zeiht (l. c. p. 62), »dass das Protoplasma selbst gar keine fortschreitende Locomotionsbewegung mache«, und in Folge dessen die auf den ersten Blick zu sehenden Locomotionsbewegungen glaubt besonders beweisen zu müssen.

Ich habe bereits angeführt, dass ich es nach meinen Beobachtungen für vollständig unmöglich halte, die langsam ziehende, kriechende von der schneller fliessenden Bewegung des Protoplasma scharf zu unterscheiden. Da die erstere unzweifelhaft der Ausdruck einer Locomotion des Protoplasma ist, so weiss ich für die zweite die Grenze nicht festzustellen, wo sie nicht mehr eine fliessende Bewegung des Protoplasma genannt werden kann, sondern von Wellenbewegung der Oberfläche abhängen soll. Erinnern wir uns ferner, dass die ganze Hypothese mit der contractilen Rinde und der körnerreichen Flüssigkeit, welche *Brücke* aufstellte, zunächst noch vollkommen in der Luft schwebt, so fällt vollends jeder Grund fort, die schneller fliessende von der langsam kriechenden Bewegung zu trennen und leuchtet ein, dass, wenn die eine in einer Locomotion des Protoplasma ihren Grund hat, die andere es auch haben kann. Die langsam ziehenden Bewegungen sind zugegebenermaassen Ortsveränderungen gewisser, besonderer Abtheilungen des Protoplasma. Wenn solche an sich höchst dunkle Bewegungen gesonderter Abschnitte des Protoplasma überhaupt vorkommen, so hat es sicher nichts Ungereimtes, wie schon angedeutet, diese gesonderten Abschnitte immer kleiner werden zu lassen, bis sie auf die nächste Umgebung eines einzelnen Kornes herabgesunken sind. Und bewegen sich diese ziehend, kriechend, fliessend oder wie man es nennen will, so schwindet das Auffallende der Erscheinung, welches *Brücke* hervorhebt, dass »oft in ganz schmalen Bahnen Kügelchen in entgegengesetzter Richtung fliessen und sich vibrirend umeinander herumbewegen«; und was *Heidenhain*[55] hinzufügt, dass er sogar beobachtet habe, wie »zwei Kügelchen direct aufeinander losliefen, aneinander prallten, dann das eine umkehrte und die Richtung des anderen stärkeren (?) annahm, welches die seinige unverändert beibehalten hatte«, kann natürlich ebensowenig als Gegenbeweis dienen.

Wenn ich es somit durchaus nicht für erwiesen betrachten kann, dass »das Fortrücken des Wulstes« keine Massenbewegung des Protoplasma sei, vielmehr solche Massenbewegung mit diesem Fortrücken in bestimmte Verbindung bringe, so will ich damit nicht ausgesprochen haben, dass es nicht auch Wellenbewegungen sein könnten, welche das Fortrücken der Plasmabestandtheile bedingen. Es gehört zum Zustandekommen dieses Fortrückens durch Wellenbewegung vor Anderem die Annahme, dass die Oberfläche eine etwas grössere Dichtigkeit habe, als die Tiefe. Wenn ich den von *Brücke* angenommenen Unterschied einer allein contractilen Rinde und einer passiv bewegten Flüssigkeit als unbewiesen bezeichnete und mich zu der Annahme desselben nicht verstehen konnte, so können doch Consistenzunterschiede zwischen Rinde und Inhalt am Protoplasma auf zweierlei Weise zugegeben werden.

Ich habe an verschiedenen Orten darauf aufmerksam gemacht, dass das Protoplasma einer Zelle eine sehr verschiedene Dichtigkeit haben kann. Die Angelegenheit ist oben in der Einleitung ausführlich besprochen worden. Bei den kleineren Furchungs- oder Embryonalzellen springt die Rinde als hyaline, körnchenfreie Schicht über die körnchenhaltige Substanz vor. Aehnliches scheint an fast allen als Zellen fungirenden Protoplasmamassen vorzukommen. Für die Amoeben und Myxomyceten wurde dasselbe Verhältniss oben besprochen. Hier hat es auch öfter den Anschein, als wenn die Rinde das vorzugsweise Contractile, und das körnige Innere das mehr passiv Bewegte sei. Es ist aber nicht bewiesen, dass diesem Letzteren die Contractilität abgehe. Und wenn, wie bei manchen Amoeben, namentlich der von mir beschriebenen Amoeba porrecta, eine solche hyaline Rindenschicht nicht mehr zu beobachten ist, so leitet uns diese hinüber in das Verhältniss, wie wir es bei den Pseudopodien der Polythalamien finden, bei denen wir nach Allem, was vorliegt, die zerfliesslich weiche, körnige Substanz als mit ausgezeichneter Contractilität begabt ansehen müssen. Und wollten wir aus dem Verhalten der hyalinen Pseudopodien der Gromia oviformis oder der starren, wenig beweglichen Axe der Strahlenfäden von Actinophrys Eichhornii auf den Grad der Contractilität der hyalinen Rindenschicht der Amoeben und Myxomyceten zurückschliessen, so könnten wir gerade das Umgekehrte von dem, was wir oben anführten, erschliessen, nämlich dass das körnige Innere das hauptsächlich bewegende Element und die hyaline Rinde das mehr passiv bewegte sei. Ich führe das nur an, um darauf aufmerksam zu machen, wie wenig Recht wir vorläufig haben eine Differenzirung von contractilen und nicht contractilen Schichten im Protoplasma anzunehmen, und wie Organisation und Contractilität sich nicht an eine bestimmte Dichtigkeit der organischen Substanz knüpft.

Es giebt aber zweitens noch einen anderen Punkt, welcher uns auf Dichtigkeitsunterschiede im Protoplasma führt, auch wenn wir aus der Beobachtung keinen Grund entnehmen können, dass solche Verschiedenheiten, wie z. B. bei den Amoeben existiren, vielmehr die betreffende Protoplasmamasse von durch und durch gleicher Dichtigkeit erscheint. Die Physiker sind namentlich durch genauere, von *Poisson* angeregte Betrachtungen über die Capillarerscheinungen zu der wichtigen Annahme gekommen, dass jedesmal die Oberfläche einer Flüssigkeit eine andere und grössere Dichtigkeit besitze, als das Innere[56]. »Leichte, unbenetzte Körper veranlassen nur ein Einbiegen der Oberfläche, ohne sie zu durchbrechen; neben benetzten Körpern erhebt sich die Oberfläche. Die so entstehenden aufwärts oder abwärts gekehrten Ränder ziehen sich an, wenn sie gleichartig sind; ein benetzter und ein unbenetzter Rand stossen sich ab. Kleine Quantitäten Flüssigkeit auf unbenetzten Flächen nehmen durch die Spannung der Oberfläche Kugelgestalt an. Bei der Blasenbildung erscheint die Oberfläche ganz frei und getrennt von der inneren Masse. Bei strömendem Wasser bewegt sich die Oberfläche langsamer als die darunter befindliche Masse, wie es der durch momentanes Eintauchen eines mit Tusche gefüllten Pinsels entstehende schwarze Streifen zeigt. Auch bei der Bildung und dem Zusammenfliessen einzelner Tropfen finden auffallende Bewegungen statt. Diese Erscheinungen lassen vermuthen, dass die Oberfläche eine festere Decke sei, deren dicht zusammengedrängte Theilchen, wenn sie auch noch immer leicht trennbar und verschiebbar sind, dennoch einen viel stärkeren Zusammenhang haben, als die Theilchen im Innern der Flüssigkeit.«

Noch manche Thatsachen lassen sich anführen, welche für die Richtigkeit dieses Satzes sprechen. Wasser steigt zwischen zwei parallelen Glasplatten vermöge der Capillarität schnell zu einem Maximum der Höhe, von welchem es allmählich und noch Tage lang sinkt. Die Erhebung ist um so grösser, je frischer die Oberfläche ist. Das Maximum der Höhe erreicht man durch wiederholtes Abheben der Oberfläche zwischen den beiden Scheiben mittelst dickem Löschpapier. Ein ähnlicher Einfluss dieses Frischmachens der Oberfläche lässt sich auch mit einem Oeltropfen erkennen, der auf dem frischen Wasserspiegel sich sogleich ausbreitet und irisirt, auf einer Oberfläche aber, die längere Zeit selbst unter einer Glasglocke gestanden hat, ruhig liegen bleibt. Nach allem diesem können wir uns nicht sträuben, eine Anwendung obigen Satzes auch auf die dickschleimig-flüssige Protoplasmasubstanz, wo sie von wässrig-flüssigem Zellsafte oder von Wasser umgeben ist, zu machen. Wir haben dann anzunehmen, dass auch die Oberfläche eines Protoplasmafadens oder einer Protoplasmakugel, wo sie das umgebende Wasser berührt, eine grössere Dichtigkeit habe, als die unter ihr liegende Substanz, und wir kommen dadurch zu der Nothwendigkeit, eine Art von Membran anzuerkennen, wo histiologisch eine solche noch nicht differenzirt ist. Die Sache hat ihre Wichtigkeit, z. B. bei Erklärung der Thatsache, warum zwei aneinander stossende Protoplasmamassen von einer so geringen Dichtigkeit, dass ein Zusammenfliessen beider möglich ist, nicht immer und sofort bei der Berührung wirklich zusammenfliessen. Wie bei zwei aneinanderstossenden Fetttropfen beobachtet werden kann, dass das erwartete Zusammenfliessen erst eintritt wenn mittelst einer Nadel die Oberfläche eines derselben oder beider durchbrochen wird, eine Erscheinung, welche die grössere Dichtigkeit der Oberfläche zu beweisen scheint, so dürfte unter Umständen auch die oben erwähnte Thatsache, dass zwei derselben Polythalamie angehörende Pseudopodien, wo sie sich auf ihrem Wege begegnen, nicht immer sofort gleich zusammenfliessen, in einer solchen »Contactmembran«, wie ich die dichtere Schicht der Oberfläche nennen will, wenigstens theilweise ihre Erklärung finden. Jedenfalls ist die ganze Angelegenheit für die Beurtheilung der Dichtigkeitsverhältnisse der nackten Protoplasmamassen und der an die Intracellularflüssigkeit grenzenden Protoplasmaoberflächen von nicht zu unterschätzender Bedeutung.

Wenn die Körnchenbewegung in Contractionen des Protoplasma ihren Grund hat, welche sich in über die Oberfläche ablaufenden Wellen äussert, so gehört, um die Fortbewegung der Körnchen zu erklären, wie angeführt, dazu die Annahme einer härteren Rinde und eines weicheren Inhaltes. Möglich, dass schon die geringen Dichtigkeitsunterschiede und die verschwindend feine Haut, auf welche wir, gestützt auf obige Annahmen, kommen, zur Erklärung der Körnchenbewegung benutzt werden können. Schwebt auch diese Deduction, da sie sich auf eine noch nicht scharf erwiesene physikalische Praemisse stützt, gewissermaassen in der Luft, so hat dieselbe doch ein Recht auf Berücksichtigung. Wir dürfen unsere Augen gegen die aus den oben berichteten Thatsachen folgenden Consequenzen nicht verschliessen, wenn wir auch gegen eine Uebertragung derselben auf eine lebendige Substanz sich Bedenken erheben sehen. Denn was für ruhende Flüssigkeiten wahr ist, braucht noch nicht für die ununterbrochen veränderliche lebende Protoplasmasubstanz zu gelten. Dennoch halte ich die Angelegenheit für die Erklärung der Körnchenbewegung, und weiter bei Beurtheilung der Möglichkeit der Existenz solcher Zellen, welchen eine vom Protoplasma differente Membran fehlt, für nicht gleichgültig.

Ueberblicken wir endlich noch einmal, was wir gegen die von *Brücke* angenommene Differenzirung des beweglichen Protoplasma in eine contractile äussere Schicht und eine passiv bewegte, körnerreiche Flüssigkeit vorgebracht haben, so ergiebt sich, dass, wenn auch ein directer Gegenbeweis gegen die Richtigkeit dieser Annahme nicht geliefert werden konnte, dieselbe doch durch die Beobachtung zu wenig gestützt ist als dass sie beanspruchen könnte, die Frage nach der Natur der so merkwürdigen Körnchenbewegung zu einer befriedigenden Lösung gebracht zu haben. Die Zeit zu einer solchen scheint mir überhaupt noch nicht gekommen zu sein. Ich möchte glauben, dass wir die Vorgänge organischer Bewegungen auch in ihrer einfachsten Erscheinung noch viel zu wenig übersehen, als dass wir wagen dürften eine Theorie der, wie wohl nicht bezweifelt werden kann, höchst verwickelten Erscheinungen der Körnchenbewegung aufzustellen.

## IV.
# Schlussbemerkungen.

Die vorstehenden Untersuchungen sind weit davon entfernt, einen Abschluss in die Fragen nach den Lebenserscheinungen der Pseudopodiensubstanz der Rhizopoden und den Bewegungen des Protoplasma der Pflanzenzellen zu bringen. Sie hatten allein den Zweck einige Seiten dieser Erscheinungen genauer als bisher geschehen, zu analysiren und von Neuem auf die Bedeutung aufmerksam zu machen, welche die genannten Substanzen für die Beantwortung wichtiger Fragen der allgemeinen Gewebelehre haben.

Dass eine Substanz von der Natur des Protoplasma der Pflanzenzellen den Hauptbestandtheil des Körpers einer grossen Gruppe von Thieren, der Rhizopoden, bildet, ist eine Thatsache von so fundamentaler Wichtigkeit, dass jede auf dieselbe bezügliche Beobachtung unser höchstes Interesse in Anspruch nehmen muss. Bestätigt es sich, wie nach dem Obigen wohl nicht bezweifelt werden kann, dass die Pseudopodien der Polythalamien und Radiolarien eine von der sie bildenden Protoplasmasubstanz verschiedene Membran auf der Oberfläche nicht besitzen, zeigt es sich hier, dass das Protoplasma auch ohne solche Membran seine Integrität bewahren kann, so gelangen wir folgerichtig weiter zu der Annahme, dass zum Begriff der Zelle überhaupt die Membran nicht nothwendig gehöre. So stehen die obigen Untersuchungen in der innigsten Beziehung zu der Theorie der Zelle.

*Reichert*, dem die weittragende Bedeutung dieser Deduction gefährlich für den Bestand der Zellentheorie, wie dieselbe von *Schleiden* und *Schwann* begründet worden, erschien, versuchte nachzuweisen, dass die bisherigen Beobachter die Natur der Pseudopodiensubstanz der Polythalamien vollständig verkannt hätten, dass weder eine Körnchenbewegung an ihnen existire, noch dass die Pseudopodien bei der Berührung zusammenfliessen könnten. Bei so grober Täuschung in der Beobachtung müssten natürlich auch alle auf die in Rede stehende Substanz gegründeten Vergleiche und Schlüsse falsch sein, namentlich müsse eine Zusammenstellung der Pseudopodiensubstanz der Rhizopoden mit dem in strömender Bewegung begriffenen Inhalte vieler Pflanzenzellen zurückgewiesen werden.

Ich muss hier zunächst noch einmal ausdrücklich hervorheben, dass *Reichert's* Besorgnisse, dass durch meine Auffassung der Zelle die Grundvesten der Zellentheorie erschüttert würden, vollständig ungegründet sind. Niemand kann tiefer von der Ueberzeugung durchdrungen sein, als ich, dass die Lehre von der Zelle als Grundelement aller thierischen Gewebe für alle Zeiten unveräusserlich gesichert sei. Weit entfernt, etwas Neues an die Stelle der Zellentheorie setzen zu wollen, suche ich vielmehr durch meine

Auffassung des Rhizopodenkörpers auch seine Substanz, die sogenannte und bis dahin ausserhalb der Zellentheorie stehende Sarkode, dieser Theorie unterzuordnen. Und was meine Stellung zu den Lehren *Schwann's* betrifft, so meine ich, dass wir in vielen Stücken zu der reineren Form derselben zurückkehren müssen. Meine Beobachtungen drängen mich immer mehr zu der Ueberzeugung, dass »die Uebereinstimmung in der Structur und dem Wachsthum der Thiere und Pflanzen«, wie *Schwann* den Inhalt seiner berühmten Untersuchungen nannte, eine viel grössere sei, als man heutzutage anzunehmen geneigt ist, und einen Beleg hierzu bildet auch der Inhalt vorstehender Untersuchungen. Möchte der *Schwann*'sche Geist und die *Schwann*'sche Methode in die Arbeiten der Histiologen mehr und mehr zurückkehren, das über vielen Fragen der allgemeinen Gewebelehre herrschende Dunkel würde sich stetiger lichten.

Was dann aber die Ausstellungen *Reichert's* an meiner Beschreibung der Polythalamien und dem von mir gezogenen Vergleiche zwischen den Pseudopodien der Rhizopoden und dem Protoplasma der Pflanzenzellen betrifft, so hat das Obige gelehrt, dass ich mich in der Lage befinde, alle von *Reichert* bestrittenen Punkte in voller Integrität in der ursprünglichen Form aufrecht zu erhalten. Nachstehende Uebersicht der Hauptresultate meiner Untersuchungen wird schliesslich dies Verhältniss möglichst scharf präcisiren:

1) Die Bewegung, welche man an den Pseudopodien der Polythalamien wahrnimmt und mit dem Namen der Körnchenbewegung belegt hat, beruht auf einem Gleiten zahlreicher in der Pseudopodiensubstanz enthaltener Körnchen, nicht, wie *Reichert* behauptet, allein auf wellenförmigen Erhebungen der Oberfläche in Form »einer am Faden fortziehenden Schlinge.«

2) Da den Körnchen die Fähigkeit der selbstständigen Bewegung nicht zugeschrieben werden kann, muss das Gleiten derselben von einer Bewegung der Grundsubstanz, in welche sie eingebettet sind, abhängen. Diese Bewegung kann mit Rücksicht auf den eigenthümlichen, dem einer Flüssigkeit verwandten Aggregatzustand der Pseudopodiensubstanz, eine fliessende genannt werden. Doch kommt bei der Unmöglichkeit eine klare Vorstellung von dem Aggregatzustande der lebendigen Pseudopodiensubstanz zu erhalten, auf den Ausdruck nichts an, wir können mit demselben Rechte die Bewegung eine gleitende, ziehende, kriechende etc. nennen. Diese Bewegung der Grundsubstanz ist an grösseren Abtheilungen derselben direct zu beobachten. Nichts widerspricht der Annahme, dass diese sich bewegenden Abtheilungen der Grundsubstanz bis zu minimaler Grösse herabsinken, in welchem Falle sie nur ein einziges oder

oft auch gar kein Körnchen enthalten. So erklärt es sich, dass dicht nebeneinander liegende Körnchen eine verschieden schnelle und verschieden gerichtete Bewegung zeigen.

3) Die Frage nach der Consistenz oder dem Aggregatzustande der Pseudopodiensubstanz wird ihrer Lösung wesentlich näher geführt durch die Beobachtungen über die Erscheinungen, welche bei dem Zusammenstossen zweier sich begegnender Pseudopodien auftreten. Dieselben sprechen für ein Zusammenfliessen der Substanz derselben. Von ähnlicher Bedeutung für die Consistenzfrage sind die Beobachtungen über die Aufnahme von Carmin- und Stärkemehlkörnern in die Pseudopodien.

4) Die Consistenz der Pseudopodiensubstanz variirt bei verschiedenen Species der Rhizopoden ziemlich bedeutend. Als Extreme können die beiden Gromien, Gromia oviformis und Dujardinii gelten. Sie variirt aber auch in verschiedenen Tiefen einer und derselben Pseudopodie. Ob bei den Polythalamien eine Differenzirung der Fäden in hyaline Rinde und körnchenhaltiges Innere vorkomme, wie bei den Amoeben ist durchaus zweifelhaft, sehen lässt sich nichts davon. Dagegen zeigt sich bei Actinophrys Eichhornii deutlich eine Differenzirung der Pseudopodien in hyaline Axe und körnerhaltige Rinde. Mittelst letzterer als der weicheren, zerfliesslicheren Substanz findet auch ein Zusammenfliessen der Pseudopodien statt, welches sich nicht auf die hyaline Axe erstreckt. Bei manchen Radiolarien des Meeres scheint etwas Aehnliches vorzukommen.

5) In der Leibessubstanz der Actinophrys Eichhornii und zwar an der Peripherie der dunkleren Markmasse finden sich ganz constant in regelmässigen Entfernungen viele zellenartige Körperchen mit meist mehrfachen kleinen Kernen.

6) Die Wärmestarre (*Kühne*) als todtbringende Gerinnung tritt bei Actinophrys, bei Amoeba, Difflugia und bei den Polythalamien bei 42–43° C. ein. Anguillulinen, Räderthiere, Naiden, Turbellarien, Ostracoden ertragen meist noch 44° C.

7) Die Schläge des Inductionsapparates üben eine andere Wirkung auf die Körnchenbewegung der Pseudopodien der Polythalamien nicht aus als solche Agentien, welche eine Retraction und endlich eine Auflösung derselben herbeiführen.

8) Die Bewegungen des Protoplasma der Pflanzenzellen gleichen denen der Pseudopodien der Polythalamien so sehr, dass, wenn die Anordnung des Protoplasma der Art ist, wie z. B. in den Zellen der Staubfadenhaare von Tradescantia, kein Unterschied zwischen beiden Arten der Bewegung aufzufinden ist.

9) Auch der Einfluss chemischer Reagentien, der Wärme und der Elektricität auf die Protoplasmafäden der Pflanzenzellen ist derselbe, wie auf die Pseudopodien der Polythalamien. Nur in Betreff des höchsten Temperaturgrades, bei welchem sich die Bewegungen noch erhalten, ist der Unterschied anzuführen, dass die Grenze bei den Pflanzenzellen etwas höher (46–47° C.) liegt, als bei den Rhizopoden (43° C.).

10) Als die Ursache der Bewegung des Protoplasma der Pflanzenzellen muss, wie schon vor mehr als 10 Jahren *F. Cohn* und *Unger* aussprachen, eine Eigenschaft in Anspruch genommen werden, welche den Namen Contractilität verdient.

11) Wie bei den Pseudopodien der Polythalamien, so ist auch in den Protoplasmafäden der Pflanzenzellen eine Differenzirung in Rinde und Mark nicht zu beobachten. Aus diesem Grunde kann ich der *Brücke*'schen Annahme einer solchen Differenzirung nicht beipflichten. Die Körnchenbewegung lässt sich auch ohne solche Annahme ganz auf dieselbe Weise wie bei den Pseudopodien der Polythalamien erklären. Theoretisch ist allerdings die Möglichkeit der Anwesenheit einer etwas festeren Rinde für beide Objecte zuzugeben (vergl. hierzu p. 58–61).

## Nachtrag,

# betreffend das Vorkommen lebender Organismen in heissen Quellen.

Nach Beendigung des Druckes vorstehender Untersuchungen erhalte ich Kenntniss von dem eben erschienenen Aufsatze *Ferd. Cohn's* »Ueber die Algen des Karlsbader Sprudels, mit Rücksicht auf die Bildung des Sprudelsinters«, Breslau 1863 besonders abgedruckt aus dem 2. Hefte des Jahrg. 1862 der Abhandl. d. schles. Ges. f. vaterl. Kultur. Die interessante Schrift enthält einige Notizen über die höchsten Temperaturgrade, bei welchen noch lebende Organismen im Karlsbader Sprudel gefunden worden. *Cohn's* Messungen ergaben übereinstimmend mit *Agardh's* älteren Angaben, dass über 43° R. keine Algenvegetation vorkomme. Von 35°–42° R. lebt Leptothrix lamellosa *Kg.*, unter 35° finden sich Oscillarien und Mastigocladus, eine neue, den Oscillarien verwandte Gattung, die Oscill. labyrinthiformis *Agardh. Cohn* will seinen Messungen allerdings noch keine vollkommen abschliessende Bedeutung beilegen, da er eine Stelle, das Wasser des Sprudelkorbes, in welchem *Schwabe* früher bei 58–59° R. Oscillarien gefunden zu haben angiebt, nicht untersucht hat. Doch hegt er Zweifel an der Richtigkeit dieser Behauptungen. Jedenfalls kommt an den von *Cohn* untersuchten Stellen eine Vegetation von Algen nicht eher vor, bis sich das Wasser unter 43° R. abgekühlt hat. Hiernach wäre also vorläufig diese Temperatur d. h. cc 53° C. als die höchste anzunehmen, bei welcher im Karlsbader Sprudel Algen gedeihen. Auch diese Temperatur erscheint noch gegenüber dem oben pag. 48 mitgetheilten Untersuchungen über den höchsten Temperaturgrad, welchen das Protoplasma der Pflanzenzellen lebend überdauert, und welchen ich zu 47° C. bestimmte, sehr hoch, steht letzteren aber doch näher als die *Ehrenberg*'schen Angaben über die Quellen auf Ischia (siehe oben pag. 49), in denen sich bei 81–85° C. noch thierisches und pflanzliches Leben finden soll.

# Fußnoten:

[1] *Reichert*, in dem Archiv für Anat., Physiologie etc. 1863, p. 95.
[2] Archiv für Anatomie, Physiologie etc. 1862, p. 385.
[3] On the structure of the simple tissues of the human body. London 1861. Deutsch von *V. Carus*, Leipzig, 1862.
[4] Die Elementarorganismen, Sitzungsber. d. Akad. der Wiss. zu Wien 1861, Bd. 44, p. 381.
[5] Die neueren Reformen in der Zellenlehre. Archiv f. Anat., Physiologie etc. 1863, p. 86.
[6] Untersuchungen über den Bau und die Bildung der Pflanzenzelle. Berlin 1854.
[7] Vergl. Nachtrag 3 des Aufsatzes »über die neueren Reformen in der Zellenlehre,« in welchem die gröbsten Missverständnisse bezüglich dessen was *Brücke* und ich Protoplasma genannt haben, enthalten sind. So soll *Brücke* für die sich bewegende Masse in der Zelle des Nesselhaares, welche *Mohl* zum Protoplasma rechnet, den Namen Intracellularflüssigkeit einführen wollen, während *Brücke* mit diesem Namen gerade die ruhende Zellflüssigkeit neben dem Protoplasma bezeichnet, und ich soll, wo eine Membran vorhanden, »den ganzen Zelleninhalt mit Ausnahme des Kernes« Protoplasma nennen, während ich doch gerade auf den Gegensatz zwischen Protoplasma und Zellflüssigkeit auf das Nachdrücklichste aufmerksam gemacht habe.
[8] Archiv f. Anat., Phys. etc. 1861, p. 133.
[9] Ebenda 1862, p. 638.
[10] Ebenda 1862, p. 646; Ebenda 1863.
[11] Der Organismus der Polythalamien 1854, p. 16, 17.
[12] Monatsberichte der Akad. d. Wiss. z. Berlin 1856, p. 479. Ueber die Thalassikollen, Polycystinen und Acanthometren 1858, p. 9, 10, 15.
[13] Die Radiolarien, Berlin 1862, p. 89 ff. Hier findet sich neben den eigenen ausserordentlich umfassenden Beobachtungen des Verfassers Alles was bis jetzt über die Körnchenbewegung veröffentlicht worden, mit grösster Ausführlichkeit und Gewissenhaftigkeit zusammengestellt.
[14] Anatomie und Physiologie der Pflanzen 1855, p. 280–284. Vorher hatte schon *F. Cohn* das Protoplasma der Pflanzenzellen als ein contractiles bezeichnet (vergl. meinen Aufsatz im Archiv f. Anatomie, Physiologie etc. 1858, p. 335 und *E. Haeckel* l. c. p. 93), jedoch ohne Beziehung zur Körnchenbewegung.
[15] Archiv für Anatomie, Physiologie etc. 1858, p. 335 ff.
[16] Archiv für Naturgeschichte 1860, p. 300.

[17] Monatsberichte der Akad. der Wiss. zu Berlin 1862, p. 406–426. — Archiv f. Anatomie, Physiologie etc. 1862, p. 638–654. Ebenda 1863, p. 86 ff.

[18] Archiv für Anatomie, Physiologie etc. 1857, p. 1.

[19] Archiv etc. 1863, p. 100.

[20] Vergl. mein Buch über den Organismus der Polythalamien und Archiv für Anatomie, Physiologie etc. 1856, p. 165.

[21] Etudes sur les Infusoires et les Rhizopodes 1859, Planche 23.

[22] Vergl. meinen Aufsatz: Die Structur der Diatomeenschaale verglichen mit gewissen aus Fluorkiesel künstlich darstellbaren Kieselhäuten. Verhandlungen des naturhist. Vereines der preuss. Rheinlande und Westphalens Jahrg. XX, 1863, p. 31.

[23] Die Elementarorganismen, Sitzungsber. d. Akad. d. Wiss. zu Wien 1861, Bd. 44, p. 401.

[24] l. c. p. 136.

[25] Ueber den Organismus der Polythalamien Taf. I u. Taf. VII.

[26] Vergl. oben die Einleitung.

[27] Bericht über die Verhandl. d. Akad. d. Wiss. zu Berlin 1855. p. 674.

[28] Die Thalassicollen etc. aus d. Abhandl. der Akad. zu Berlin 1858. p. 20.

[29] Bericht d. Akad. zu Berlin 1855. p. 674.

[30] z. B. *Claparède* in *Müller's* Archiv 1854, p. 413.

[31] Archiv etc. 1859, p. 822.

[32] Archiv etc. 1859, p. 805.

[33] Zeitschr. f. wiss. Zoologie 1859, Bd. I, p. 198. 200, Taf. XVII, Fig. 5 *g*.

[34] *Unger*, Anatomie u. Physiologie d. Pflanzen. 1855. p. 274.

[35] *Schacht*, Lehrbuch. der Anat. u. Physiologie der Gewächse. 1856. p. 39 ff.

[36] Ebenda p. 45 u. Jahrbücher f. wissenschaftl. Botanik, hrsg. v. *Pringsheim*, 1863.

[37] Archiv für Anatomie, Physiologie etc. 1858. p. 336.

[38] Die Radiolarien etc. p. 94. 98.

[39] Studien des physiolog. Institutes zu Breslau, Heft II, 1863, p. 63.

[40] Anatomie u. Physiologie der Pflanzen, p. 277.

[41] Studien des physiol. Institutes zu Breslau, herausgegeb. v. *Heidenhain*. Heft I. 1861. p. 99.

[42] Ebenda Heft II, p. 66.

[43] Das Verhalten der sogenannten Protoplasmaströme in den Brennhaaren von Urtica urens gegen die Schläge des Magnetelectromotors. Sitzungsber. d. Akad. d. Wiss. zu Wien, 1862, Bd. 46, p. 1.

[44] l. c. p. 66.

[45] Comptes rendus 1837, Tom. V, p. 777.

[46] Studien des physiolog. Institutes zu Breslau, hrsgegeb. v. *Heidenhain*. I. Heft. 1861. p. 104.

[47] Die vegetabilische Zelle. Handwörterbuch d. Physiologie. Bd. 4, p. 201.

[48] Nachträglich erhielt ich auch noch eine Species von Chara zur Beobachtung. Die Schnelligkeit der Bewegung übertrifft hier die aller bisher angeführter Formen. Sie betrug an meinen Präparaten bei gewöhnlicher Zimmertemperatur 0,025 Mm. und liess sich durch Erwärmung bis auf 0,04 Mm. in der Secunde steigern.

[49] Monatsberichte der Akademie zu Berlin 1859, p. 493.

[50] Die Radiolarien, p. 98.

[51] Sitzungsberichte der Akad. d. Wiss. z. Wien 1861, Bd. 44, p. 403, Anm. vergl. auch ebenda 1862, Bd. 46, p. 1.

[52] Studien des physiologischen Institutes zu Breslau Heft 2, 1863, p. 64.

[53] Sitzungsberichte etc. Bd. 46, p. 1.

[54] Archiv f. patholog. Anatomie, Bd. 26, 1862, p. 222. Vergl. auch Archiv für Anatomie, Physiologie etc. 1859, p. 814 ff.

[55] Vergl. in *Müller's* Archiv 1858, p. 336, meine Beobachtungen über Tradescantia.

[56] *Hagen*, Ueber die Oberfläche der Flüssigkeiten. Abhandl. d. Königl. Akad. zu Berlin 1845. Pogg. Ann. Bd. 67, p. 1. Citat nach »Die Fortschritte der Physik im J. 1845 redig. v. *G. Karsten*. Berlin 1847« p. 14.